U0934440

書

会说话｜会做人｜会做事

成功人生必备的三大本领

会其一可立身，会其二可出众，会其三则无往而不胜

何平　马杰◎编著

行走社会必不可少的生存本领

时事出版社

图书在版编目（CIP）数据

人生三宝：会说话　会做人　会做事 / 何平，马杰编著. -- 北京：时事出版社，2015.1（2016.1 重印）

ISBN 978-7-80232-751-1

Ⅰ. ①人…　Ⅱ. ①何…　②马…　Ⅲ. ①人生哲学-通俗读物　Ⅳ. ①B821-49

中国版本图书馆 CIP 数据核字(2014)第 254025 号

出版发行：时事出版社

地　　址：北京市海淀区万寿寺甲 2 号

邮　　编：100081

发行热线：(010)88547590　88547591

读者服务部：(010)88547595

传　　真：(010)88547592

电子邮箱：shishichubanshe@sina.com

网　　址：www.shishishe.com

印　　刷：北京毅峰迅捷印刷有限公司

开本：787×1092　1/16　印张：20　字数：320 千字

2015 年 1 月第 1 版　2016 年 1 月第 3 次印刷

定价：33.80 元

前言

preface

人人会说话，人人在做事，但结果却是天地之别。越是与我们天天相伴的人与事越容易被忽略，越是经常被忽略的东西却越重要。家庭背景、学历、机遇……我们的眼光往往过多地集中在这些对一个人的成功看起来似乎至关重要的要素上，实际上，所有这些只是给你提供了一个迈向成功的台阶，而说话、做人与做事的本事才是助你迈上这一台阶的原动力。

为什么有的人总是幸运的？为什么有的人总是在倒霉？为什么有的人离成功那么遥远？为什么又总有人在演绎成功？原因其实在说话技巧和做人做事方法的运用上。

我们在社会中生活，要交流信息、沟通思想，靠什么呢？靠说话的交际能力。在这种能力中，说话能力尤其重要，应用也最为广泛。不善言谈的人是很难让人了解其价值的。说话，不仅是一种生理功能，更是一种能力。所以，我们一定要找到正确说话的诀窍。

做人是很难的一件事。它对人的成长和成功起着决定性的作用。人是做出来的，做人是一种修养。人活一天，就得做一天人；尽一天责，就得讲一天修养。只要一息尚存，修养就一刻也不能放松。做人不但是大难事，也是大艺术。从普通平凡的人提升到不普通、不平凡的人，提升到超凡脱俗；再从超凡脱俗提升到鹤立鸡群，独

特独造，这就达到了做人的最高标准、最高艺术境界。

做事是做人的延续和体现。做人首先要做事，做人的价值正是在做事中不断实现的。没有做出事来，做人就只是一句空话。做事是做人的体现，什么样的人就会做出什么层次的事。万事从小事做起，是人生最大的学问。当你把每一件小事当成大事来做，你就锁定了成功；当你把每一个小成功和每一个小进步当成毕生的追求时，你就是在享受人生。

本书将最实用、最常用、最好用的说话、做人、做事技巧与方法倾囊相授。读者如能结合自身情况，细细加以揣摩，一定会获益良多。当你真正掌握了说话、做人、做事这人生“三宝”，你就拥有了人生成功的资本，成为生活中的智者，事业上的赢家，在属于你的人生中找到幸福。

目录

contents

第一篇 会说话

第三篇　会做事

第一篇 会说话

什么叫会说话?

小时候，听大人夸别人家的小孩子:“这孩子真有礼貌，逢人就问好，爷爷奶奶、叔叔阿姨，张口就来，嘴甜，会说话。”

我们记住了:会说话，就是嘴甜，有礼貌。

后来，进学校了，常听老师夸别班同学:“某某同学回答问题，很有条理，前因后果、来龙去脉非常清晰;懂了就懂了，不懂的就说不懂;做错了就承认，不找借口编瞎话;一有问题就提问，丝毫没有流露出一点怪老师没讲透的意思，只说自己脑子笨，真是很会说话……”

我们懂了:会说话，就是条理清楚，实话实说，自责而不责人，多请教，让人怜。

再后来，长大了走出校门进了社会，时常也能听领导同事夸人:“某某很不错，很会说话，该说的说得很溜，不该说的一句也不多讲……”“听他说话就是爽，很在行，每句话都说到了点子上……句句在理，一句废话都没有”;“这话，我爱听，都说到咱心坎儿里去……”“这人会说话，条分缕析，话说得很明白，没那么多小肚鸡肠，用不着费心思绕来绕去地猜，很实在，也很有分寸，既解了结，又不伤人情面，真是太会说话了……”“这人说话很负责任，一是一，二是二，从不夹缠，有理有据有节，不服不行……”“这人说起话来温文尔雅，从不伤人，怎能不让人承他的情?”

于是，我们又学会了：会说话，就是优雅得体，有理有节有分寸，不多话不乱说，要说到点子上，分析透彻不兜圈子，有啥说啥不见外，不伤人情面，让人想听爱听……

所有这些，都是会说话的基础，即使演讲、辩论、谈判技巧再好、再专业，若是离开了这些基础，就算你能在台上口吐莲花，台下掌声如雷，其实又有几人用心在听？又有几人听到心里去了？更有几人心服口服？

第一章　说话有礼貌

俗话说得好：礼多人不怪，说话也是如此。若是别人跟你说话开口闭口“喂”字当头，粗俗不堪，毫无礼貌，你会做何反应？肯定懒得理会，即便情势所迫，不得不应对，多半也会心不甘情不愿地应付打发了事。人同此心，心同此理，我们在跟别人说话时，就应当注意五讲四美，保持应有的礼貌。这不仅是对别人的尊重，也是尊重自己，而且还会因此赢得他人的尊重和欢迎。

还有些人一开口说话声音大得如喊叫，而且不分场合，一应如是，尤其是酒桌之上喧嚷起来如若无人，令人侧目，让人讨厌。这是很失身份、很没礼貌的坏习惯，不仅会影响别人对你的观感——也许除少部分好友会觉得你很爽朗外，绝大部分人都会低看你一眼：粗俗没教养！而且还会让那些与你同桌、跟你说话的人，和你一起把脸都丢没了。你说，这又何必呢？

还是古人说得好：有理不在声高。不管我们的话多有道理，说话时也不要高声大喊，更何况平时说话。

记住，说话要有礼貌，多用敬语，礼多人不怪；说话语气要平和，控制好声调；而且还要简明扼要，要知道，说话前颠后倒，语无伦次，啰哩啰嗦，显得毫无准备，也是很失礼的一件事。

彬彬有礼，善始善终

初次见面的第一句话，是决定留给对方的第一印象。这句话说好说坏，关系重大。说第一句话的原则是：亲热、贴心、消除陌生感。常见的有这么三种方式：

1. 攀认式

赤壁之战中，鲁肃见到诸葛亮的第一句话是："我，子瑜友也。"子瑜，就是诸葛亮的哥哥诸葛瑾，是鲁肃的挚友。短短的一句话就定下了鲁肃跟诸葛亮之间的交情。其实，任何两个人只要彼此留意，就不难发现双方有着这样或那样的"亲"、"友"关系。

例如："你是××大学毕业生，我曾在××大学进修过两年。说起来，我们还是校友呢！"

"您是体育界老前辈了，我爱人可是个体育迷。你我真是'近亲'啊！"

"您来自苏州，我出生在无锡，两地近在咫尺，今天得遇同乡，令人欣慰。"

2. 敬慕式

对初次见面者表示敬重、仰慕，这是热情有礼的表现。用这种方式必须注意掌握分寸，恰到好处，不能胡乱吹捧，不说"久闻大名，如雷贯耳"之类过头的话，表示敬慕的内容也应该因时因地而异。

例如："您的大作《教你能说会道》我读过多遍，受益匪浅。想不到今

天竟能在这里一睹您的风采。”

“桂林山水甲天下。我很高兴能在这里见到您这位著名的山水画家。”

3. 问候式

“您好”是向对方问候致意的常用语。如能因对象、时间的不同而使用不同的问候语，效果则更好。对德高望重的长者，宜说“您老人家好”，以示敬意；对年龄与自己相仿者，称“老×(姓)，您好”，则显得亲切；对方是医生、教师，就称“李医师，您好”、“王老师，您好”，有尊重意味。节日期间，说“节日好”、“新年好”，给人以祝贺节日之感；早晨说“您早”、“早上好”则比“您好”更得体。

……

好了，现在话说完了，善始还得有善终才行，怎么办？

4. 关照式收尾

“刚才我讲的一些话，是一些不成熟的看法，我觉得不必让他人知道，请你不要传出去，以免引起麻烦……”

“小张，我要讲的都讲了，全是心里话。有关小王的事你千万不要告诉别人，不然会闹出大乱子来的。”

这种收尾方式，是交谈双方说完了自己的思想、意见或流露了某些内心意向之后，觉得谈话中的有些话和问题带有范围性、对象性、保密性和重点性，当交谈即将结束时，就关照对方不要将其中的某些话张扬出去，或关照哪些问题是重要时，就应该说明。

这种关照式收尾有一种提醒注意、防患于未然和强调重点的作用，能使交谈的对方增进了解和增强“使命感”、“责任感”。

5. 征询式收尾

交谈行将完毕，主谈者根据自己的“谈话使命”综合“交谈情况”，即目的与交谈后的吻合情况向对方征求意见、说明、要求或建设性的忠告、劝诫，等等，这就是征询式收尾。

例如："××，随着我们接触的增多和了解的深入，你一定察觉出我有许多缺点，你觉得我最糟糕的'毛病'是什么？希望你下次开诚布公地提出来。"

"××，我不懂得'恋爱艺术'，我只想对你说一句话，在你面前的这个人，他愿意爱你一辈子，不知你的想法怎样？"

当你与下属交谈工作结束时，你应说："你还有别的什么要求和意见吗？""你生活上还有困难和要求吗？只要有可能，我们将尽力帮助解决……"听者也应同样征询对方："除了工作之外，你对我还有其他意见和看法吗？如果现在想不起来，日后尽管提……"

在交谈艺术中，征询式的收尾往往给人以谦逊大度、仔细周到和深沉老成的印象。运用征询式收尾，对方听了无疑有一种心悦诚服、倍感亲切的感觉，从而取得融洽关系，有利于事业进展的良好效果。

6. 道谢式收尾

道谢式收尾在交谈艺术中具有较强的礼节性，它的基本特征是通过讲"客气话"作为交谈的结束语和告别话。道谢适用的场景和对象是最广泛的，无论是上下级、同事、亲朋，还是邻舍以及初交者之间都是适宜的。

如果一次朋友式的思想启迪性交谈行将结束，从谈者可用"听君一席话，胜读十年书"、"你对我学习上的帮助和生活上的关怀，我感激不已"结束。

"赵先生，在您的悉心指导下，我明白了自己的责任，我一定按您的指教去做。谢谢您了，再见！"

7. 祝愿式收尾

这种收尾方式的特点是，不仅具有较强的礼节性和情趣性，还具有极大的鼓动力，如再加上适当的口语修辞，它的效果无疑会非常显著。

如:“再见吧，路上保重。祝你一帆风顺!”

“时间不等人，生活就是拼搏，抓紧时间抓紧干，就等于延长生命。我祝愿你是这样一个人，再见!”

“一个伟大的男子就应该具有不凡的气概。只有经得起磨难，才能砥砺出刚强的锋芒……让我们都成为这样的男子吧！再见!”

8. 归纳式收尾

归纳式收尾通常多出现在上下级之间非形式性的交谈，或同事间或亲朋间工作性交谈中使用。

主谈者:“小马，我今天谈的主要问题，一是咱们团委对新形势下出现的一些问题如何作出正确的估计和怎样引导、转化；二是关于共青团发展工作的经验，我们得好好总结一下。这是局团委要求我们马上做的，这两件事我事先同你打个招呼，我们都考虑一下……”“丁明，听了你的情况介绍后，我觉得问题的关键是第一点，我们是做他人思想工作的，如能统一人心，其他问题也就迎刃而解了……”

亲朋之间则可以这样进行:“表弟，我刚才谈的三件事，你一定得一件件去落实，我等待着你成功的喜讯……再见。”

无疑，交谈中的归纳式收尾，由于条理清晰、中心突出，这样双方交谈的目的、内容和思想和意见就能清楚交流，从而收到言简意赅、重点突出、明朗爽快的效果。

9. 邀请式收尾

邀请式收尾的基本特征是运用社交手段向对方发出礼节性邀请或正式邀请。前者的效用体现了“客套式”所需的礼仪；后者则表现了友谊的生命力。

如“客套式”邀请:“如果您下次路过北京，请到我们家来做客。再见!”

如正式邀请："今天我们就说到这里吧，后天下午 5 点钟请你到我们家吃顿便饭，那时我们再长谈吧。再见！"

上述这两种邀请式收尾语，在社会交际中都是必不可少的。"客套式"邀请也是一种礼节；正式邀请更是一种友好和友谊的表示。运用这种结束语，无疑是符合社交礼仪的。

结束交谈的表达和方法多种多样，只要我们能够驾驭情境，正确审视对象，选择得当的话语，交谈结束时不仅会非常得体、有趣，还会余韵犹存，感人至深。

简明扼要，条理分明

欧阳修写作非常注意文章的平易流畅，简洁洗练。他的散文名作《醉翁亭记》，开头一句仅用"环滁皆山也"五个字，就把滁州的自然环境描绘出来了。

有一次，欧阳修和两位朋友在街上散步，看到一匹脱缰的奔马踏死了一只狗。他提议，看谁能把这件事最简练地记述下来。一位朋友想了想说："有犬卧于通衢，逸马蹄而死之。"用了 12 个字。另一位朋友说："有马逸于街衢，卧犬遭之而毙。"也是 12 个字。欧阳修嫌他们说的不精练，只用了"逸马杀犬于道"六个字，便表述清楚了。两位朋友听了都很佩服。

欧阳修为了使文章言简意赅，常把文稿贴到卧室的墙上，反复推敲、修改，"为求一字稳，耐得半宵寒"。直到晚年，他还是这样认真写作，至今为人们所称道。我们在日常说话时，也要力求简洁，以突出主题，引起别人的兴趣。具体可参考如下建议：

1. 片言以居要，一目能传神

人们在交流思想、介绍情况、陈述观点、发表见解时，为了使对方能够很快地了解自己的说话意图，领会要领，往往使用高度概括、十分凝练的语言，提纲挈领地把问题的本质特征表达出来，以达到一语中的、以少胜多的效果。不少领袖人物都具有这种能力，他们善于把握形势，抓住问题的症结，且能用准确精当的语言加以概括表达，其作用和影响非同一般。美国第16任总统林肯，在一次溯江视察途中与同船的船员们握手时，有一位工人却缩着手，腼腆地面对总统说："总统，我的手太脏了，不便与你握。"林肯听后笑道："把手伸过来吧，你的手是为联邦加煤弄黑的。"短短一句话，听似极为平常，却高度概括，得其要领，充满感情。

事实上，不管世事多么复杂，不管产生的思想多么深奥，说到底，就是那么一点或几点经过概括和抽象了的认识。而这些要求是精华，是本质，只要抓住它，就能提纲挈领，一通百通，产生"片言以居要，一目能传神"的效果。恩格斯曾说："言简意赅的句子，一经了解就能牢牢记住，变成口号。"

2. 长话短说，无话不说

由于客观环境的限制，有时由不得你长篇大论、侃侃而谈，只能三言两语，述其概要。例如，在战场上、在抢险工地、在各种危急关头，甚至是一对情侣在汽笛已经拉响的月台上话别，谁也来不及去高谈阔论。

在这种情况下，唯其简明扼要的话语，才能显示其特有的锋芒。

在紧急关头作长篇大论，则可能带来严重后果。1812年英美战争全面爆发前夕，美国政府召开紧急会议讨论对英宣战问题。会上，一位议员的发言竟从下午持续到午夜，而这时会场上大多数议员早已进入梦乡。

结果，当另一位议员又急又怒地用痰盂掷向发言者头上而结束这次发言、通过决议时，英国人已经打到了美国人的家门口。不难想象，这种“马拉松式”的发言，超出了听众心理承受的能力，让人无法接受是一方面，贻误战机所造成的损失更是难以计算。为了制止冗长的发言，现在不少国家采取了一些绝妙的措施。美国南部一些地区规定，发言人讲话必须手握一块冰，他讲多久，就握多久。非洲有一个民族，规定讲话时只允许一只脚站地，当这只脚站累了，另一只脚落地时，讲话就被终止。在生活节奏日趋加快的今天，这些做法是颇值得借鉴的。

3. 通俗明快

简洁的语言一般都很通俗明快，如果追求辞藻的华丽、句式的工整，则必然显得拖沓冗长。

要使自己的语言简洁洗练，就要使自己的语言“少而准”、“简而丰”，重要的是要培养自己分析问题的能力，学会透过事物的表面现象，把握事物的本质特征，并善于综合概括。在这个基础上形成的语言交流，才能准确、精辟，有力度、有魅力。同时还应尽可能多地掌握一些词汇。福楼拜曾告诫人们：任何事物都只有一个名词来称呼，只有一个动词标志它的动作，只有一个形容词来形容它。如果讲话者词汇贫乏，说话时即使搜肠刮肚，也绝不会有精彩的谈吐。此外，会“删繁就简”也是培养说话简洁明快的一种有效方法。古代有一首《制鼓歌》，原文仅 16 个字：“紧蒙鼓皮，密钉钉子，天晴落雨，一样声音。”后来有人将其压缩为 12 个字：“紧蒙皮，密钉钉，晴落雨，一样音。”更有大胆者将其删后留下 8 个字：“紧蒙，密钉，晴雨，同音。”从表述的意思上说，这 8 个字与 16 个字相比，丝毫不逊色。

需要一提的是，简洁绝非“苟简”，为简而简，以简代精。简洁要从实际效果出发，简得适当，恰到好处。否则，硬是掐头去尾，只能捉襟见肘，挂一漏万，得不偿失。应该承认，任何事物都具有两重性。简短的语言有时很难将复杂的思想感情十分清晰地表达出来。与人交往，过简的语言则有碍相互间的了解，有碍心灵的沟通。简短也是相对的，不是绝对的。邹韬奋先生在公祭鲁迅先生的大会上只讲了一句话，短得无法再短，而恩格斯在马克思墓前的演说长达15分钟，却也是世所公认的短小精悍的演讲。总之，简短应以精当为前提，该繁则繁，能简则简。

4. 适时表达诚意和感动

只要是真实可信的说话内容，加上热心诚恳的说话方式，说话交际就能达到理想效果，正如谚语所说:“有了巧舌加诚意，就能够用一根头发牵动一头大象。”

所谓“精诚所至，金石为开”。如果自己本身都意未明，情未动，言不由衷，怎么去表情达意呢？如果说诚意所要求的着眼点是内容，那么热心所要求的重点就是在语言的表达上。“情自肺腑出，方能入肺腑。”只有深切的热诚，才能唤起别人的热诚。说话要有感而发，主要目的在于晓之以理，动之以情。

热诚的具体表现是多方面的，其中之一就是对他人的尊重和说话时的礼貌。人与人相处，除了道德和伦理上的意义之外，还有其特殊的含义，而且这种含义直接关系到自己或公司在大众心目中的形象和声誉，与公共关系目标的实现紧密相关，因此，如你身为公关或服务人员，就必须更注重诚意的表达。

1952年，艾森豪威尔竞选美国总统，年轻的参议员尼克松是他的副总统搭档。

正当尼克松为竞选四处奔波时，《纽约时报》突然报道尼克松在竞选中秘密受贿的丑闻，消息不胫而走，给共和党的竞选带来极为不利的影响。

为摆脱困境，共和党花了数万美元，让尼克松利用媒体向全国选民作半个小时的公开声明。

很显然，能否澄清事实，取得选民认同，此举是关键。当时，全美国有64家电视台、700多家电台把镜头、麦克风对准了尼克松。而尼克松万万没有料到，当他走进全国广播公司的录音室之前，被告知助选的高级顾问已决定要他在广播结束后提出辞呈。

这意味着共和党和艾森豪威尔已经在最关键的时刻抛弃了他。

于是，尼克松只好采取了一个在政治史上少见的行动：他把自己的财务状况全部公之于选民，首先公布了其个人财产情况，再公布他的负债情形。

就这样，尼克松争取到了选民的同情，接着他就详细地说明自己的经济状况，连同怎样花掉每分钱都如实地告诉大众，这几乎是每天发生在大家身边的事，听来那么熟悉，那么真切可信。

最后他满怀感恩地说："我还应该说的是，我太太帕特没有貂皮大衣……还有一件事，也应该告诉你们，获得提名之后，我们确实收到一件礼物。德克萨斯州有一个人在收音机中听到帕特提到我们两个孩子很想要一只小狗，就在我们这次出发作竞选旅行的第一天，通过巴尔的摩市的联邦车站送来一只西班牙长耳小狗，带有黑白两色的斑点，我六岁的小女儿西娅给它取名叫切克尔斯，她非常喜欢那只小狗。现在我只要说明这一点，不管别人说什么，我们都要把它留下来。"

就这样，连尼克松自己都没有想到，他的演讲获得了巨大的反响。当他走出录音室时，到处是欢呼声，有数百万人打来了电话、电报或寄来信件，几乎每个著名的共和党人都给尼克松发来赞扬的函电，从邮局汇来的小额捐款就达六万美元。

就这样，事实澄清之后，尼克松反而赢得了大批的同情选票。

后来，人们评论尼克松这次演讲成功的关键，归功于他的演说具有两大特点：一是"真诚"，二是"淳朴"。

当时，处于绝望边缘的尼克松，竟然不考虑以副总统候选人的身份，

而是以一个普通人的形象出现在公众面前，与大家话家常，而他讲述的生活细节富有人情味，所以才能打动听众的心，获得他们的信任。

尼克松的获胜，可以说是“诚意策略”最成功的例子。

古今中外有无数被传为美谈的沟通趣事，从各个层面来看，诚实的语言不仅能带来成功，还带来神话般的奇迹；反之，如果一个人不遵循在语言上“诚能感人”的原则，就会失信于众，轻则影响个人的形象和声誉，重则危及组织的前途和生存。

因此，一切有远见卓识的人，必须把“诚”视为处世成功的基础，别再要一些弄虚作假的手段，投机取巧和巧言令色的面具总有一天会被揭穿，虚情假意永远逃不过人们的眼睛，因而也是永远说服不了大众的。

5. 有理有据有节

口才是手段，说话者有其目的，我们不能为了获得好的称赞，或为了营造融洽的谈话气氛而一味地让步。无原则的让步，可能会牺牲自己的利益，丧失自己的尊严，不坚持自己的立场，这些都是不正确的，说话也要讲究有理、有据、有节。

“有理”指的是要讲真话，在管理者和下属的沟通中，认知、感情上完全不一致或是完全一致的情况很少，有时你的高层领导者说的话、提出的问题是你所不能接受的，这时要敢于表达自己的真正立场、观点或想法。

宋朝时，有一位青年乐善好施，喜欢四处游学，机缘巧合之下认识了微服出巡的皇帝。皇帝心血来潮，写字画画去卖，只可惜水准实在不高，这位青年告诉皇帝，他的画儿只值一两银子，皇帝听了很生气，但也不方便当场发作。

第二年，这位青年进京赶考，高中状元，在觐见皇帝时才发现，原来当年卖画儿的人竟然是皇帝。皇帝也认出了他，再次拿出当年只值一两银子的那幅画问道：“你认为这幅画价值几何？”

这位状元赶紧上前一步说道:“这幅画如果是陛下送给为臣的，那就价值万金，因为无论陛下送的何物，对为臣来说，都是无价之宝，但如果拿去卖的话，这幅画就值一两银子。”

皇帝听了，不禁拍掌大笑，知道自己有了一位才学渊博、品行端正的忠心之臣。

在任何时候，都应得体地表达自己的真实想法，站在“理”字这边。

“有据”，指的是说话要有依据，要有出处，要用事实和数据说话，不要无中生有胡编乱造，更不能歪曲事实。

另外，我们在与人说话时，还要“有节”，也就是要有自我控制能力，说话要有分寸，什么话能说，什么话不能说，什么该说，什么不该说，都要在脑子里过一遍，控制住说话的节奏和主次，不多话，不乱说，不散播流言；要知道，每个人都有自己的利益、立场、观点和看法，也许对方的见解、主张与你不同，这时一定要保持冷静，寻求沟通，以达到互相理解。

有的时候，也许有人会故意贬低你，向你挑衅。这时候，你就更应当保持冷静，思考反击对策，否则，你就上了对方的当了。所以，“有节”还体现在控制好自己的情绪、语言上，否则，很容易在“心不平、气不和”的情况下口不择言，往往一语伤和气、一语断交情、一语致离婚，甚至一语断前程。

另外，在说话内容和节奏上也要有控制，知道什么时候该说，什么时候该保持沉默。与人谈话时，不要只自己说，还要学会听，学会观察。

认真倾听附和，不要乱插话

在别人说话时，我们不能只听到一半或只听一句就装出自己已经明白的样子，更不要在别人话说一半时就抢话，因为：

一是贸然打断别人说话很不礼貌；二是别人话还没说完，到底是什么意思还不明确；三是显得自己很不自信，担心别人的结论对自己不利。

所以，虽然提倡在听别人说话时，要不时做出反应，如附和几句“是的”等话语，这样既让说者知道你在听他说，又让他感觉到你的尊重之意，使他对你产生浓厚的兴趣。这样做既是出于礼貌和对他人表示尊重的需要，也是锻炼自己的耐心和应对能力的机会。

但是，我们许多人过分相信自己的理解和判断能力，往往不等别人把话说完就中途插嘴，这种急躁的态度很容易造成损失，不仅弄错了问话意图，还有失礼貌。当然，在别人说话时一言不发也不好，在对方说到关键的时刻或者说完后，若你只看着对方而不说话，对方会感到很尴尬，他会以为自己没有说清楚而继续说下去。

还有不少人在倾听别人说话时表现出认认真真的样子，好像什么都听进去了，可等到别人说完，他却又问道：“很抱歉，你刚才说什么？”这种态度是有失礼节的。

所以说，即使你真的没听懂，或听漏了一两句，也千万别在对方说话途中突然提出问题，必须等到他把话说完再提出：“很抱歉！刚才中间有一

两句你说的是……吗?”如果你在对方谈话中打断，问:“等等，你刚才这句话能不能再重复一遍?”这样会使对方有一种受到命令或指示的感觉，显然，对你的印象就会大打折扣。

听人说话，务必有始有终，但是能做到这一点的人并不多。有些人往往因为疑惑对方所讲的内容，便脱口而出:“这样说不太好吧!”或因不满意对方的意见而提出自己的见解，甚至当对方有些停顿时，抢着说:“你要说的是不是这样……”这时，由于你的插话，很可能打断了他的思路，他要讲些什么反而忘了。

我们敬爱的周总理之所以被亿万人民所赞颂，其中很突出的一点就是他在听别人讲话时态度极其认真，不论对方职位高低、年龄大小都同样对待。对此，美国一位外交官曾这样评价周总理:“凡是会见过他的人，几乎都不会忘记他。他身上散发着一种吸引人的力量，长得英俊固然是一部分原因，但是，使人获得第一印象的是他的眼睛……你会感到他全神贯注于你，他会记住你和他说的话。这是一种使人一见之下顿感亲切的罕有天赋。”

所以，我们要成为一个受人尊敬、崇拜的人，就应该向周总理学习，学会去倾听别人说话。尽量不要去抢断、堵截别人的话头，使说话者欲言又止，产生反感。即使对方看上去是在对你发脾气，也不要反击，因为别人的情绪或反应很可能和你一样，是由于畏惧或是受到挫败而造成的。这时你可做一个深呼吸，然后静静地从一数到十，让对方尽情地发泄情绪。

或者顺着对方的话头，示意对方“多告诉我一些你所关心的事”或是“我了解你的失落”。这些话总比立即堵住他的话头，如“喂，我正在工作”或“这不是我分内的事”要好得多，因为那样很容易让对方认为你对他很不尊重人，甚至因此把你完全推向对立。

不拆台不揭短

中国有句有古话:“成人之美，不送人之恶。”可以说，成人之美是美德中的美德，也是我们中华民族的优良传统。凡是成人之美的话，诸如激励人心、善意的忠告等是受人欢迎和尊重的。反之，若在与人谈话中，不但不成人之美，反而拆台、揭短，致使他人的兴致成为泡影，或者你在其中成为损人利己的受益者，那就注定要遭人的唾骂。

在一次宴会上，某人向邻座的太太讲起了某校长的秘密，同时表现出对那位校长卑鄙行为的大为不满，并说了一堆攻击的话。

直到后来，那位太太才问他道:“先生，你认识我是谁吗?”

“很抱歉，我还没请教你贵姓。”他回答道。

“我是你说的那位校长的妻子!”

这位先生窘住了，但过了一会儿，他却凛然地问道:“那么，你认识我吗?”

“不认识。”那位太太摇头作答。

“哦，还好，还好!”那人这才如释重负地说道。

这位先生就犯了随便说别人坏话的毛病，幸亏那位太太不认识他，否则，不仅现场非常尴尬，还可能因说校长的坏话给自己带来十分不利的影响。

说话是人际沟通的重要内容，是待人接物的工具。为了满足自我需要，你就得随时研究说话的艺术，并将其融会贯通。同时，要把握听的技巧，绝不可在未听懂他人意图之前开口说话，更不可带有情绪去拆别人的台、揭别人的底。因为人人都有自尊心和荣誉。

常言道:“金无足赤，人无完人。”人人都会有缺点，都会犯一些错误。所以，我们在与人交谈或共事时，一定不能揭别人的底、拆别人的台。要知道，这实在是一件失礼、失态，而且很容易得罪人的事情，非常令人反感。只要我们稍稍设身处地站在他人的立场上想一想，自然就会明白其中的道理。

第二章　说到点子上，说到人心里

一句话就可能决定一个机会，甚至决定一个人的一生。说话要对路，否则很容易得罪他人，给自己留下遗憾。

什么叫“对路”？对路就是指说话或做事要到位，面对不同的人、不同的场合、不同的氛围，说的话要恰到好处。这就像我们平时炒菜放盐，加少了没有味道，加多了无法下咽。

说话不对路，别人或不愿听，或不想听，或者干脆不听，更有甚者还会适得其反。

俗话说，见人说人话，见鬼说鬼话。说话之前若是连对方是个什么样的人都没弄明白，又如何有的放矢，把话说到他们心里去呢？所以，未曾开口先要听，听清了话里话外的意思，号准了对方的脉博，比如：有的人在撒谎的时候内心忐忑不安，表情就会紧张，容易出汗，说话颠三倒四；有的人在精神沮丧和情绪愤怒的时候就会坐立不安，清嗓子，不停地张口舔嘴唇好像随时准备插话似的，等等。如此，才好对症下方，说对话。

根据对方心理反应，应对说话

每个人都有属于自己的一种说话方式，这同样是内心世界的一种表达途径。通过对说话方式的关注，捕抓住这些细微处的信息和蛛丝蚂迹，就能够帮助我们理解别人的处境和态度，窥见一个人的性格和心理，判断谈话内容的真实性和可靠性，做好应对的准备。

人在交流过程中的一举一动都会向我们传达信息，善于观察人们的表现往往能帮助我们在社交中做好各种应对的准备。

善于活跃谈话气氛的人一般比较热情，会主动说一些话引发话题，因而是非常亲切、富有同情心的人，做事能够照顾他人的想法和感受。这种人比较好说话，不会轻易拒绝他人的请求。

说话有条理，有理有节，逻辑性强的人，智商一般比较高，思维非常敏捷灵活，对于方方面面的事物都有一定的了解和掌握；经历一般也较为丰富，并且能够总结成功和失败的各种教训；善于从一些细节问题上推测未来的发展状况，因此遇事经过分析思考就会得出准确的结论。也正因此，这种人阅历丰富，办事比较牢靠，跟他们说话最好直接一点，实话实说，轻易不应承，一旦说通了，一切都好办。

能说会道的人，反应速度很快，随机应变能力强，能顺从别人的思维和心理变化，因此在社交中往往左右逢源。但也容易斗心眼、耍小聪明，圆滑世故。这类人善于和各种人打交道，交谈处事都比较精明老练，能够妥善的处理各种问题，不会明里拒绝，只有暗中推托。

能够耐心的倾听他人言论的人，比较值得信赖。他们有内涵、有修养，性情温和，稳重深沉，思维缜密。这种人就像酒一样，接触的时间越长越觉得好，越会赢得他人的尊重和信任。同时他们也是具有自己独特的思想、观点的，但是不会经常主动的外露。因此，不会和别人产生正面冲突，跟他们说话需要拐弯抹角。

交谈中妙语连珠的人，一般博闻强识，幽默智慧，风趣盎然。开朗外向的性格、随机应变的能力、奇思妙想的言论经常带给身边的人无限的快乐，可谓社交达人，可供学习的地方很多。

经常在谈话中转守为攻者，个性鲜明，锋芒毕露。这种人性格一般比较外向，思维缜密，能够冷静的分析和思辨，从容不迫的应对各种突如其来的问题，并且随时随地根据现实境况调节自己的思路和观点，沉着稳健，喜欢控制局面。这样的人主观意识很强，难以说服，不可勉强，顺着他的意思说话反而比较容易成功。

善于在交谈中改变自己观点和思维的人，是适应性很强的人，在任何环境下都能很快地融入其中，与各方保持一致。这种人头脑灵活机智，思维开阔，心态积极，具有发散性思维，能够通过各种途径完成任务。这种人不仅容易说服，还能帮你完善思路。

善于妙语反诘的人，不但能够认真听取别人的话语，并从中找到破绽，因此冷静沉着，心思细密，能在身处逆境时抓住各种有利时机反败为胜，永远不向困难低头，保持积极进取的心态。跟这样的人说话一定要逻辑严密，不可以耍心眼。

能通过充足有力的论证说服对方的人，是天生的外交天才。他们性格开朗，为人热情，同时言谈举止又温文尔雅，善于全方位的观察对方的各种特点，从而占据控制支配地位，用自己的逻辑引导、改变别人，牵制对

方的思想，从而达到自己的目的。除非你是跟他一样的人，否则很难说服他们。

说话幽默的人一般是充满智慧的人。这类人往往性格开朗，心胸开阔，不易被各种条条框框所限制和约束，独辟蹊径，不拘一格。这种人可以以感情打动，很难说动。

善于自我解嘲的人不但机智幽默，而且平易近人，不清高自傲。这种人性格乐观，超脱世俗的困扰，不摆架子，可以直言。

说话拐弯抹角、旁敲侧击的人一般比较圆滑世故，有心计，城府很深，往往不直接表达自己的意见，以充分保全自己。这种人需要人捧，只要你能给足他们面子，就好说话。

死缠烂打、软磨硬泡的人生性固执任性，不达目的不罢休，平常爱占小便宜、爱耍小聪明，善于取悦他人。凡事喜欢显摆、争先，凡对自己有利的事绝对争到底，决不善罢甘休，千方百计达到目的。这种人非以利诱，不能说服。

避实就虚的人，一般是极端自私的人，心里只考虑自己的利益得失，完全不顾别人。做事不踏实，经常制造假象欺骗别人，一旦原形毕露，就再用新的小伎俩敷衍了事。这种人应承容易，办事难。

有的人固持己见，在交流中坚决坚持自己的观点，不管正确与否。这种人过于自以为是，不能善纳雅言，因而做事偏激容易失败。吃软不吃硬，需要顺着他们好说话。

善用敬语的人，是社交的老手，圆滑世故，善于观察他人的心情、脾性，投其所好。这一类的人具有较强的随机应变能力，能屈能伸，能与大多数人保持良好的交际关系，为人处事妥善完美。跟他们说话多以商量，有的话不必说透，稍加暗示即可。

在交谈中善用礼貌用语的人，一般具有较高的文化修养，能够非常好地理解尊重别人，能够有宽广的胸襟包容别人，处事温和。跟他们交流必须放低姿态，借以请教之名而行说服。

大凡说话言简意赅的人，性格都比较爽快，做事当机立断，决不拖拖拉拉；凡事言必行，行必果；敢作敢为，富于开拓精神，是勇于创新的人。跟他们说话可以比较直接爽快。

说话总是一个意思反复地说、废话连篇的人，一般比较软弱，责任感差，缺乏胆量，心胸狭窄，遇事爱推卸责任；对于小事过于在意，经常为了鸡毛蒜皮的小事婆婆妈妈，百般纠结；缺乏开拓进取的上进精神；并且容易嫉妒别人所有的东西。跟他们说话要硬气，哄着不走，打着走。

经常劝慰别人的人，一般感情丰富，对红尘中的人情世故了解体会颇深，能够设身处地为别人着想，心胸开阔，乐观积极，能够帮助别人摆脱困扰，才思敏捷、能言善辩，同时又温和亲切，非常容易获得别人的信赖和尊重。与这样的人说话，可以利用他们的同情心达成目的。

善于奉承的人多趋炎附势，在人际关系中精明老练、圆滑世故，善于钻营，因此很少吃亏上当；但往往表面一套背后一套，注重实际的物质利益，其关系网络非常的实用，交友圈子多是对自己直接有用的人。这种人许以好处，给出报酬，即可说通。

俗话说，见什么人说什么话，到什么山唱什么歌。我们说话是要给听众听的，所以就必须考虑到对方的好恶、情绪和接受程度。

孔子带着他的几名学生出外讲学、游览，一路上十分辛苦。这一天，孔子一行人来到一个村庄，他们在一片树荫下休息，正准备吃点干粮、喝点水，不料，孔子的马挣脱了缰绳，跑到庄稼地里吃了人家的麦苗。一个农夫上前抓住马嚼子，将马扣了下来。

子贡是孔子最得意的学生之一，一贯能言善辩。他凭着不凡的口才，自告奋勇地上前企图去说服那个农夫，争取和解。可是，他说话文绉绉，满口之乎者也，将大道理讲了一串又一串，尽管费尽口舌，可农夫就是听不进去。

有一位刚刚跟随孔子不久的新学生，论学识、才干都远不如子贡。当他看到子贡与农夫僵持不下的情景时，便对孔子说："老师，请让我去试试看。"

于是他走到农夫面前，笑着对农夫说："你并不是在遥远的东海种田，我们也不是在遥远的西海耕地，我们彼此靠得很近，相隔不远，我的马怎么可能不吃你的庄稼呢？再说了，说不定哪天你的牛也会吃掉我的庄稼哩，你说是不是？我们该彼此谅解才是。"

农夫听了这番话，觉得很在理，责怪的意思也消释了，于是将马还给了孔子。旁边几个农夫也互相议论说："像这样说话才算有口才，哪像刚才那个人，说话不中听。"

有口才并不一定马到成功，如果不看对象，往往会造成"秀才遇见兵，有理说不清"的尴尬局面。在我们和他人交谈的过程中，必须要注意对象的身份和精神状态等等因素，不要自顾自地高谈阔论。

说话要合时宜

领导开会，最厌烦的就是那种"开会不说，会后乱说；当面不说，背后乱说；让说的时候打死也不说，不让说的时候打死也得说"的员工。生活中我们也遇到过类似的"高人"。平时说话一套一套的，乖话、怪话、闲话、淡话、不着边际的话说起来滔滔不绝，可你一旦把他推上前台，让他发挥自己会说、能说的特长时，他就像进了曹营的徐庶、打了泥封的坛子，什么也说不出来。这样的一种“风范”，怎么可能给人留下好印象呢？

人寿保险业务员小金听说邻居的一位老人正在过七十大寿，于是兴冲冲地买好了礼物前去祝寿。在酒席上，小金先是大大恭维了老寿星一把，然后拿出自己的保险单子，想借机给老人家介绍一下。

老人家不好驳他的面子，于是耐着性子听下去。小金从当前的经济形势谈到了养儿难防老，还谈到了老年人易患的多种致命性疾病，谈着谈着，小金就被老人的儿子打断了，老人的儿子客客气气地把小金拉到身边，小声地询问保险的有关问题，小金特别高兴，刚要继续讲下去，老人的儿子一把把他的资料夺了过去，小声说：“您先走吧，再不走我可要跟你急了！”

所以说，说话一定要合适宜。不要说话不看场合、不分对象、不择时机，心里想什么就直接道出来。常常是说者无心，听者有心，不知不觉中就得罪了许多人，给自己无形中制造了很多不必要的麻烦，甚至造成无可挽回的后果。中国有句很朴素的俗语，叫做“到什么山上唱什么歌”。这句话的意思就是：要根据对象的不同而采取不同的方式，否则就容易制造对立，产生麻烦。当然，我们仅仅有一个良好的动机是不够的，还必须要有一个切实可行的方法做保证，而要做到这一点，就必须要具体问题具体对待，因地制宜、因人制宜、因时制宜、因势制宜地去说话办事。只有这样，才能做到既发展了自己又完成了事业，达到人事两成的圆满结局。

说话要有分寸

据说，红遍大江南北的笑星小沈阳刚出道没多久，就和一家电视台的主持人产生了一点不愉快。

那时，小沈阳到某地电视台录节目，由于整个节目的录制长达 3 个小时，录到后面的时候，现场稍显沉闷，于是小沈阳就和妻子表演了一小段二人转活跃气氛。两人演完时，观众掌声未息主持人就上前搭话，结果小沈阳习惯性地来了一句“臭不要脸的”。没想到这句话当场让主持人红了脸，她坐下来后生气地对小沈阳说:“你得给我道歉。你不道歉，这节目就不录了。”现场气氛顿时变得尴尬，小沈阳也不知道说什么好。

很快，主持人宣布此环节结束。自己一个人先走了下去。其实，小沈阳并非故意骂人，那句“臭不要脸的”是东北二人转中一句常用的词，在这里也仅仅是一句玩笑话而已。小沈阳只是随口说出，并非真的针对主持人，但这个主持人一贯的风格就是端庄、稳重，小沈阳的这个玩笑显得有些口无遮拦了。

那么，怎样才能把握好说话的分寸呢？我们首先要做到的就是“三思而后说”。

首先，在交际场合，我们要认真倾听对方的谈话，在倾听的同时开动脑筋，考虑好怎样回答比较得体。其次，我们要熟知一些谈话的禁忌，避免造成尴尬，如在西方，女士的年龄是不应该问的；在我们的生活中，对方的健康状况、家庭财产、个人的不幸是比较敏感的；对方单位的“秘闻”、关于其他人的流言蜚语最好也不要讨论；在有女士的环境里，最好不要讲荤笑话。第三，要注意谈话对象的整体素质，最好谈论双方都感兴趣的话题，这样可以有效地避免谈话成了“一言堂”，或者你说你的，我说我的，最后说到分道扬镳为止。

简而言之，把握好说话分寸要有三个前提：一是要清楚地知道自己是谁，二是要清楚地知道对方是谁，三是要清楚地知道自己想干什么。这三个前提做好了，把握说话的分寸就容易多了。

把握说话的分寸，实际上就是把握交友的机遇，只有做到这一点，我们的人脉之树才能生长得更加健康。

人以群分，说别人爱听想听的话

在朋友之间要建立良好融洽的关系，除了相互帮助、相互谅解之外，得体恰当的语言交流至关重要，即使没什么事情也要多聊一聊。这样才能增进相互了解，促进关系和谐。许多争吵的发生，很大一部分原因就是平时交流不多，说话不讲艺术，使对方误解，以致造成朋友间的隔阂。

要知道，不同的人所关心的话题必然有着很大的区别，甚至于同一个人在不同的天气、不同的环境、不同心境状态下也是有着不同的话题需求的。如果你对终日为三餐奔波的人大谈国外风光，很可能会遭人白眼，因为他们连温饱都成问题了，哪还有心情和你讨论国外风光；但是如果你和他谈致富之道，他一定会很有兴趣，成为你的好听众。因此，在与他人谈话前，应该先了解对方感兴趣的话题，这就需要你进行仔细的观察，找出双方都感兴趣的话题。家庭主妇通常见面谈的话题是物价如何、孩子如何、家庭琐事等等，而商人谈的话题很可能是经济问题或是交际应酬的趣事等等。

每一个层面的人所感兴趣的话题都不同，但都离不开生活，所以在日常生活中，你应该保持敏锐的观察力，找准不同年龄段、不同地位、不同性别人群的心理需求，搜集丰富的谈话材料以面对不同的人，就可以切中他们的喜好，说出一些他们喜闻乐见的话了。以下是要注意的几点：

1. 要注意对方的年龄

对年长的朋友，最好谦虚些、服从些。当然，尊敬是最起码的，年长的朋友往往高你一辈，经验比你丰富得多。与年长者谈话，切不可嘲笑其“老生常谈”、“老掉牙”，应该持尊重的态度。即使自己不认为正确也要注意聆听，而后再提出自己的意见。

对于年长的人，最好不要轻易问他们的年龄，因为有些人往往很忌讳这一点，问起他们的年龄时，常使他们感到难堪和颓丧。所以，在与年长的朋友谈话时，不必提起他的年龄，只去称赞其做的事情，你的话肯定会温暖他的心，使他重新感到自己还年轻，还很健康。

对于年龄相仿的朋友，态度可以稍微随便些，但也应该注意分寸，不可出言不逊，伤人自尊。在与自己年龄相仿的异性朋友说话时，尤其注意不宜乱开玩笑，态度暧昧，以免引起一些不必要的猜疑。

对于年纪比你小的朋友，也要注意一定的分寸。应该保持慎重、深沉的态度。有些年纪较小的朋友思想可能太冒进，或知识经验不及你，所以与他们谈话时，注意不要对其随声附和，降低自己的身份。但也不要同他们进行辩论，不要执意坚持自己的意见。只须让他知道，你希望他对你有适当的尊敬，他就会因此而保持适当的态度和礼仪。但是千万不要夸夸其谈，卖弄经验，在自己的知识范围外还信口开河。否则一旦被他们发觉，就会降低对你的信任与尊重。

2. 要注意对方的地位

在和地位高的人谈话时，常使自己有一种自卑感，从而显得木讷口钝，思想迟缓。但有人为改变这种情况，却走到了相反的极端，即对地位高的人高声快语，显得粗鲁无礼。这两种态度都是不可取的。

与地位高于你的朋友谈话时，应采取尊敬的态度。一则因为他的地位高于你，二则他的能力、知识、经验、智慧也显然比你高，应该向他表示敬意。需要注意的是，与地位高的人谈话，必须维持自己的独立思想，不要做一个“应声虫”，使他认为你唯唯诺诺，没有主见。要以他的谈话为主题，听话时不要插嘴，应该全神贯注。他让你讲话时，要尽量讲题内话，态度应轻松自然、坦白明朗，回答问题也要适当。

与地位较低的人谈话，也不要趾高气扬，应该和蔼可亲，庄重有礼，避免用高高在上的态度来同他谈话。对于他工作中的成绩应加以肯定和赞美，但也不要显得过于亲密，以致使对方太放纵，更不要以教训的口气滔滔不绝地讲个没完，使对方感到厌烦。

3. 要注意对方的性别特征

交谈时，要注意性别不同，方式亦大为不同。同性别的朋友之间的谈话当然要随便些，而对于异性朋友，谈话就应特别当心。当然并不是指要处处设防，步步为营，但起码“男女有别”。比如一位女性朋友身材肥胖，你千万不能“胖子”、“胖子”地乱叫；但换了位男性朋友，叫他几声“胖子”，他可能丝毫不介意。再比如，一次公司的聚会上，有一位新来的女性朋友年纪很大却仍未婚。即便你是为了关心她起见，也不能走上去问她：“××，你看起来很显老，到底多大了?”若真这样做了，恐怕这位女性朋友要记恨你一辈子了。

女性与男性讲话，态度要庄重大方、温和端庄，切不可搔首弄姿，过于轻挑。男性在女性面前往往喜欢夸夸其谈，谈自己的冒险经历，谈自己的事业及好恶，更喜欢发表意见，让听者感到惊奇与钦佩，所以男性朋友需要的是一个听话者。女性朋友要当一个听话者，请注意切勿太唠叨，声音太大，不要总想找机会打岔，纠正对方或对家长里短抱怨不停……但是，如果对方令你难以忍受，那么请巧妙地打断他的话或干脆直截了当地告诉他:“对不起，我还有事。”

4. 要注意对方的语言习惯

我国地域广阔，方言习俗各异。一个规模较大的单位，不可能只有本地人组成，一定还会有各地的朋友，要特别注意这点。不同的地方，语言习惯不同，自己认为很合适的语言，在其他地方的朋友听来可能很刺耳，甚至认为你是在侮辱人。

比如：小齐是西北某地区人，而小秦是北京人。一次两人在业余时间闲聊，谈得正起劲，小齐看见小秦头发有点长了，就随口说:“你头上毛长了，该理一理了。”不料小秦听后勃然大怒:“你的毛才长了呢!”结果两人不欢而散。

无疑，问题就出在这个“毛”字。小齐那个地方的人都管头发叫做“头毛”，小齐刚来北京时间不长，言语之中还带着方言，因此不自觉地说了出来。而北京人却把“毛”看作是一种侮辱性的骂人话，什么“杂毛”、“黄毛”，无怪乎小秦要勃然大怒了。

还有许多其他的语言习惯，如北方称老年男子叫“老先生”，但如果在上海嘉定人听来，就会当是侮辱他；安徽人称朋友的母亲为“老太婆”，是尊敬之意，而在浙江，称朋友的母亲为老太婆那简直就是骂人了。各地的风俗不同，说话上的忌讳也各异。在与朋友交往的过程中，必须留心对方的忌讳。一不留心，脱口而出，最易伤朋友间的感情。即使对方知道你不懂得他的忌讳，情有可原，但你还是冒犯了他，于双方的交谊是不会有益处的，因此应该特别留心。

5. 要考虑对方与自己的亲疏关系

倘若对方与你不是相知很深的朋友，你也畅所欲言，无所顾忌，那么对方该如何反应呢？你说的话，对方愿意听你么？彼此关系浅薄，交情不深，若你与之深谈，则显得你没有修养；若你说的话是关于对方的，你又不是他的诤友，不配与其深谈，反倒是忠言逆耳，显得你冒昧；若你说的话是关于国家政治方面的，对方主张如何，你并不清楚，却偏高谈阔论，容易招惹一些不必要的麻烦。

因此在一个公司内，要同身边的朋友搞好关系，谈话则必须注意对象的亲疏关系。对关系不深的朋友，大可聊聊闲天，海阔天空吹一吹，对于个人的私事还是不谈为好。但这并不等于对任何朋友都要遮遮盖盖，如果是交情匪浅的朋友，则可以不断地交流思想，促膝谈心，互相关心对方的生活，替对方出出主意，排忧解难。这样可以增进彼此间的友谊，更有利于工作。但需要注意的是：不要学小人说三道四，东家长西家短，捡些“某领导的韵事”、“某朋友的野史”谈起来没完。这样不仅无聊，而且容易破坏朋友间的团结。

6. 要注意对方的层次与性格特征

你与朋友交谈，首先要明白对方的个性。对方喜欢委婉的话，你说话应该讲求一点方式方法；对方喜欢直来直去，你大可不必与之绕来绕去，摆迷魂阵。对方喜欢钻研学问，你应该说比较有水平的话；而对方文化层次较低，你就应该与之谈些家长里短的俗事。

当然，这并非是“六月天，孩儿脸”，一天三变，而确实是搞好朋友关系的良策。

比如，甲生性耿直，说话直来直去，无所隐瞒，偏偏碰上了喜欢说话绕弯的乙。一天清早，乙刚从厕所出来，正遇上甲。甲就大声问道："从哪儿来？"乙见有他人在场，且有两位女性朋友，便随手一指："从那儿来。"甲却不明白："那儿是哪儿？"乙只好含糊说："W.C." "W.C."原意是英文厕所的缩写，偏偏甲不知，又不甘心，继续大声问："W.C.是什么东西？"乙见他人都注视两人，便悄悄扯扯甲，小声道："1号。"甲环顾四周，正好1号房间是某女性朋友的宿舍，大为惊讶："大清早你上小王屋里干什么？"乙顿时面红耳赤，无地自容。

上述虽为一个笑话，但也可以证明，对不同的人讲不同的话实在重要。如果甲讲究一点说话方式，不再寻根究底地问下去，或者乙讲话干脆一点，告诉甲说："厕所。"双方就不会纠缠不清，弄得两人都非常尴尬。所以，与人对话要注意对方的层次与性格特点，用合适的语言交流。

7. 要注意对方的心境

与朋友谈话，应该注意什么时候是相宜的时候。比如对方工作紧张繁忙的时候，你不要去打扰；对方正在焦急时，你也不要去同他闲聊；对方如果正陷于悲痛之中，你更要选择适当的话题。假如你在这些情况下不分场合地去扰乱他人，一定会碰一鼻子灰。

对方心境不同，应该有针对性地选择不同的话题。遇到朋友得意时，应该同他谈得意的事；遇到朋友正在失意，应该适时抚慰，同他谈自己的失意事。如果同失意的人大谈得意之事，不但显得你不知趣，而且会让对方感觉你是在挖苦他，他与你的感情不会变好，只能变坏。同得意之人谈你的失意，他说不定会怪你扫他的兴，即使表面上对你表示同情，内心也许会怀疑你想请他帮忙。你刚开口，他就设了防，使你无法久谈。

不必对人轻言，遇到知己朋友再作倾诉。对方心情不同，你也应给予不同的交谈，相信定会密切朋友间的关系。

跟人说话要对脾气

我们每一个人都像地球这棵大树上的一片叶子，虽然这些叶子的外形较相似，但是每一片叶子都是独一无二的个体，各自有不同的个性特点。我们生活在这个社会里，就必然要同各种性格的人打交道，尤其是在工作单位，与不同性格的同事打交道是一门艺术，掌握好这门艺术，可以使你进退自如，如鱼得水；掌握不好这门艺术，有可能造成你举步维艰，众叛亲离。

在同一个单位里，有不同性格的同事是一种必然，也是一种幸运，不要抱怨同事性格和你大相径庭，正是因为有了这些不同性格的同事，你的生活才变的丰富多彩，性格的互补又会使你在面对困难的时候多了几种选择，如果单位上千人皆为一面，脾气性格都大致相同，那才是一种痛苦呢！

与同事打交道的目的是为了更好地完成自己的工作，因此，无论对方的性格如何，我们都要想出相应的办法来面对。所以，我们有必要把同事的性格进行一下分类，确定自己在和他们打交道时要注意什么、防备什么，采取什么样的策略才能使大家形成一种默契。

1. 对待脾气急躁的同事

脾气急躁的人往往有一颗简单而善良的心，他们眼里揉不得沙子，却经常被事情的表面现象蒙住眼睛，对于这样的同事，我们要有包容、理解的心，相信他们并没有恶意。当他们冲你发火的时候，不要着急解释，最

好的办法是坐下来，和他喝杯清茶，让他的火气消一消，然后在细细道来，用春雨润物细无声的办法使他认识到自己的错误，从而对你信服。

许世友是位传奇将领，他酷爱喝酒，把喝酒作为看人老实不老实、豪爽不豪爽的重要标志之一。曾经有一段时间，许世友和朋友们喝酒的时候，在桌子中间放个大空碗，叫做滴酒罚一碗，还派了专门的卫兵监视别人是不是偷懒。这样有些人可就受不来了，于是找周恩来总理告状。

周恩来听了，便找机会把许世友喊来，说要请他喝酒，许世友一听眼睛都亮了，到了酒桌前，却发现只有周恩来和他两个人，周恩来寒暄了几句，提出想和许世友比试一下酒量，许世友觉得胜券在握，首先拿过了一瓶白酒，连干三杯。周恩来则细水长流，一边聊天一边喝酒，许世友喝完了，周恩来的瓶中也没有了。

许世友心里不服，又让拿了两瓶白酒，他还是几杯几杯地喝，周恩来还是慢斟慢饮。渐渐的，许世友有些醉了，这次周恩来先把第二瓶酒喝完了，并且让服务员再拿来两瓶酒，此时，许世友却已经支撑不住了，只好低头认输。

周恩来这才对许世友说：喝酒不能强人所难。桌子上不能放空碗，身后也不能站个监酒的。同志朋友间高兴了，一起喝点酒，本来是好事么，你强人所难不是伤和气吗？

许世友听了连连点头，从那儿以后，他很少喝醉，再也不强逼别人喝酒了。

2. 对待嫉妒心强的同事

这种人本身有一定的才华，但对于比自己强的同事非常看不惯，总想在公开场合压你一头，向大伙儿证明他比你强。对于这种同事，我们可以保持适度的谦让，也可以置之不理，让时间和业绩证明究竟谁强谁弱，即便要反击对方，也不要采取激烈的方式，嫉妒心强的人是不在意和他所嫉妒的人发生正面冲突的，或许他更希望你在他面前暴跳如雷，那样更容易让他找到发泄的理由。

另外，我们还要调节好自己的心理——同事嫉妒你，说明你某些方面做得非常出色，至少那些嫉妒你的同事无法和你并驾齐驱，他们只不过以嫉妒来掩饰自己的无能罢了。这样一想，我们不应该因为别人嫉妒自己而感到烦恼，而是应该感到骄傲和自豪。我们要让同事的嫉妒变成自己努力前行的助燃剂，向着自己更远大的目标前进，而不是和嫉妒者纠缠不休，勾心斗角。

3. 对待工于心计的同事

工于心计的人习惯将自己的想法和看法装在心里，在和别人交流的时候，他更多的是作为一个倾听者站在那里。他希望通过你的述说，找出你的特长和弱点，从而把竞争的主动权牢牢握在手里，和这样人交往，自己应该"留一手"，不要让自己在对方面前一览无余。

4. 应对过于傲慢的同事

与性格高傲、举止无礼、出言不逊的同事打交道难免使人产生不快，但有些时候不得不要和他们接触。这时，我们可以尽量减少与他们相处的时间。在和他们相处的有限时间里，你尽量充分地表达自己的意见，不给他表现傲慢的机会。同时交谈言简意赅，尽量用短句子来清楚地说明你的来意和要求，给对方一个干脆利落的印象，也使对方难以施展傲气，即使想摆架子也摆不了。

与性格不同的同事交往方式还有很多，比如帮喜欢怨天尤人的同事解决具体问题，在心口不一的同事面前三缄其口，在铁嘴钢牙的同事面前泰然自若，与推卸责任的同事记交往日记……

在一个单位里，无论对方的性格如何，我们都要勇敢地面对、积极的应对。只有我们通过自己的交际艺术使这些人能够抱成一个团，形成一个拳头，我们的业绩就会步步升高。相反，如果因为性格不合就弄得鸡飞狗跳，那还有什么工作效率可言？

和平共处，求同存异，这是国家与国家之间解决争端的原则，相对于职场上的我们来说一样适用，面对着不同性格类型的同事，试图改变他们的性格类型并不明智，那就求同存异吧，只有这样大家才能和平共处。

把自己的诉求转换成对方的希望

有些人将对自己有利的事假扮成对他人有利，让别人以为是从他那里接受了恩惠，而实际上却是他从别人那里得到了恩惠。这些人非常精明，明明是他们有求于人，却让所求之人感觉到万分的荣幸。他们自己得到了好处，别人也得到了荣誉感。他们真是聪明绝顶，所做的事总是让人不知所措、迷惑不解，混淆了施惠者和受惠者。他们用廉价的称赞赚取最好的东西；他们把给予别人荣誉和奉承建立在自己喜欢的基础之上；他们以别人的谦卑来获得对某物的所有权。本来该他们自己觉得感激的东西，却让别人感到受了他们的恩惠。

“南伊里诺斯州的同乡们，肯塔基州的同乡们，密罗里州的同乡们，听说在场的人群中，有些人想和我为难，我实在不明白为什么要这样做，因为我也是一个和你们一样爽直的平民。为什么我不能和你们一样有发表意见的权力呢？亲爱的朋友，我并不是来干涉你们的人，我也是你们中间的一个，我生于肯塔基州，长于伊里诺斯州，和你们一样是从艰苦的环境中挣扎出来的。我了解南伊里诺斯州和肯塔基州的人，我也了解密罗里州的人，因为我是你们中间的一个，而你们也应该更清楚地认识我。如果你们真的认识我了，你们就会了解我，知道我不会做对你们不利的事。同乡们，请不要做蠢事，让我们以友好的态度交往。我立志做一个世界上最谦和的人，绝不会损害任何人，也绝不会干涉任何人。我现在对你们诚恳要求的，只是请求你们允许我说几句话……”

这是林肯竞选总统时的演讲词。他靠着拉近与他人之间的距离，把仇视转化成了好感。

在第二次世界大战时，丘吉尔在圣诞节的时候去了美国，希望美英结盟，对德作战，以扭转英国面临的危险局面。可是，当时美国人对英国人并无好感，反对介入战争。于是，他用情感打动了所有美国人的心，使他们同意支持政府援助英国，参加对德作战。

他的演讲词是这样的:“我远离祖国，远离我的家，在这里欢度这一年一度的佳节。但确切地说，我并不觉得寂寞和孤独。或者是因为我母亲的血缘关系，或许是因为在过去许多年的充满活力的生活中我在这里得到的友谊，或许是因为我们伟大的人民在事业中所表现出来的那种压倒一切其他的友谊的情感，在美国的中心和最高权力所在地，我根本不觉得自己是个外来者。我们的人民和你们讲着同样的语言，有着同样的宗教信仰，还在很大程度上追求着同样的理想。我所能感到的是一种和谐的兄弟间亲密无间的气氛……因此，我们至少可以在今天晚上把那些困扰我们的各种担心和危险搁置一边，并在这个充满风暴的世界里，为我的孩子准备一个幸福的夜晚，那么，此时此刻，在今天这个夜晚，讲英语的世界中的每个家庭都应该是一个亮光普照的幸福与和平的小岛。”

从以上两个例子中，我们都可以看出林肯和丘吉尔巧妙地把自己的诉求转化为对方的希望。在我们的生活中也须学会这样的说话方式。

第三章 说话看场合，灵活应对

什么样的场合，什么样的时候，面对什么样的人，什么话该说，什么话不能说，其实，关键就在于认清时机场合，洞悉人情心理，把握说话分寸，说话恰到好处——有时候一句话可以化干戈为玉帛，让你化险为夷；也可以让朋友变成仇人，让你功败垂成。

要知道，别人听不进去的话，说得再好也是废话；别人听得进去的话，即便废话也是说对了。话是说给人听的，别人愿意听而且听进去，才能有效果，才能叫说到人心里去了，说通了、说对了；不然，如何能让素不相识的人携起手来，成为朋友？如何为人排忧解难，消除别人的疑虑和误会？如何抚慰人们烦闷的心灵，使之勇敢地面对现实？如何得到上司的重视、同事的尊重和下属的拥戴？如何说服他人，从而赢得宝贵的合作机遇？……

想想，是不是这个道理？

息事宁人，打圆场

在一家咖啡馆，大文豪萧伯纳正坐着沉思，他身边的一位美国金融家说:“萧伯纳先生，告诉我你正在思考什么，我将付你一美元。”

萧伯纳看了他一眼说:“我的思想不值一美元。”接着他的话锋一转，说:“我思考的正是你。”

金融家本想戏弄萧伯纳，没想到却在萧伯纳的机智谈吐面前自讨没趣。

人们每天面对的生活都是全新的，所有事先设计好的“台词”并不一定能用上，只有具备机智的谈吐才能在工作与生活中做到游刃有余。

行车途中，一个陡然的大转弯很容易造成车祸，人与人之间的对话，若转弯过猛也易出现“口祸”，打圆场是化解“口祸”的有效手段。

需要打圆场的场合总是很多，有时要为自己的过失打圆场，有时要为别人的争执吵闹当“裁判”，如果弄得不好，只会火上浇油，不仅不会息事宁人，还会扩大事态。

1. 怎样为别人打圆场

双方处于尴尬的境地时，领导若是以巧妙的角度为双方打个圆场，可以将凝滞的气氛变得轻松活泼。

老诗人严阵和一位青年女作家访问美国。他们在一所博物馆广场散步时，恰巧有两位美国老人在旁休息，看见中国人来，很热情地迎上来交谈。其中一位老人为表达对中国人的感情，热烈地拥抱那位女作家，并亲吻了一下，女作家十分尴尬，不知所措。另一位老人也抱怨那位老人说，中国人不习惯这样，拥抱过女作家的老人像犯了错误似的呆立一旁。老诗人严阵赶快上前微笑着说：“呵，尊敬的老先生，你刚才吻的不是这位女士，而是中国，对吗？”那老人马上笑道：“对，对！我吻的是中国！”尴尬气氛在笑声中烟消云散了。

2. 怎样替自己打圆场

为自己打圆场最主要的是不刻意回避掩饰。如果是细枝末节的问题，不妨用转移目标或话题的办法岔开别人的注意力，如果别人已有所觉察而问题并不严重，就稍做解释。如果性质较严重而且引起了别人的不快甚至反感，就要立即诚恳地致歉，然后较为郑重地做些解释，须当场予以解决，否则拖得越久后果越不好。

3. 劝架的原则

两个朋友争执，非要你裁决不可，如果逃避，反而会同时得罪两个人。那么在劝架时，怎样做才有效呢？有三条原则必须遵守：

原则一：不盲目劝架。若讲不到点子上，非但无效，还会引起当事人的反感。要从正面、侧面尽可能详尽地把情况摸清，力求把劝架的话讲到当事人的心坎上。

原则二：要分清主次。吵架双方有主次之分，劝架不能平均使用力量，对措辞激烈、吵得过分的一方要重点做工作，这样才比较容易平息纠纷。

原则三：要客观公正。劝架要分清是非，不能无原则地“和稀泥”。不分是非各打五十大板，笼统地对双方都做批评，不能使人心服。

4.“和稀泥”的技巧

对无关大是大非的小争执，作为领导不妨采取“和稀泥”的策略。“和稀泥”有三种技巧：

技巧一：支离拆分。如果双方火气正旺，大有剑拔弩张、一触即发之势，这时，第三者即可当机立断，借口有急事（如有人找，或有急电）把其中一人调走支开，让他们脱离接触。等他们消了火气，头脑冷静下来了，争端也就趋于平息了。

技巧二:“欺骗蒙混”。太真了，反而误事，碰到这种情况，第三者就应随机应变，以假掩真，然后顺水推舟，变难堪为活跃、融洽的场面。

技巧三：以情致胜。第三者可以拿双方过去的情分来打动他们，使他们主动“退却”。或者以自己与他们每个人之间的情谊作筹码，可以说:“你们都是我的好朋友，你们闹僵了，让我也很难过，就看在我的面子上，握手言和吧。”一般说来，双方都会领第三者这个面子的，顺梯而下，从而消解矛盾。

把指责变成商量

在工商界赫赫有名的邵先生，从不用命令式的口吻对别人说话。他要人家遵照他的意思去工作时，总是用商量的口气说。譬如他人可能会说:“我叫你这么做，你就这么做。”邵先生就不这么说，而是用商量的口气说:“你看这样做好不好呢?”假如他要他的秘书写一封信，在把大意和要点讲了之后，会再问一下秘书:“你看这样写是不是妥当?”等秘书写好后请他过目，他看到需要修改的地方，又会说:“如果这样写，你看是不是更好一些?”他虽然处于发号施令的地位，可是他懂得下属是不爱听命令的，所以不应用命令的口气。

假使在一个盛夏的中午，一群工人正憩息着，一位监工走过去把大家臭骂一顿，说是拿了工资不该在此偷懒！工人们畏惧监工，当然是立即站起来工作去了，可是当监工一走，他们便又停下来休息了。如果那位监工上前和颜悦色地说:“今天天气真热，坐着休息还是不停地流汗，这怎么办呢?现在这项工程很重要，已到了关键时刻，我们忍耐一下来赶一赶好吗?我们早一点干完了，可以早一点回去洗一个澡，休息一下，你们看怎么样?”相信工人们会一声不响地自觉自愿地去工作了。

有时候，人难免因一时糊涂做一些不适当或错误的事。遇到这种情况，就需要把握住指责别人的分寸：既要指出对方的错误，又要保留对方的面子。这种情况下，如果分寸把握得不适当，就会使对方难堪，破坏交往的气氛和基础，并因此带来一系列严重的后果；或者让对方占便宜的愿望得逞，给己方造成不必要的损失。

心理学家研究表明，谁都不愿把自己的错处或隐私在公众面前曝光；一旦被人曝光，就会感到难堪或恼怒。因此在交际中，如果不是为了某种特殊需要，一般应尽量避免触及对方所避讳的敏感区，避免使对方当众出丑。必要时可委婉地暗示自己已知道他的错处或隐私，便可造成一种对他的压力，但不可过分，只须“点到而已”。

巧谏胜于死谏

作为一个有责任心的下属，在发现上司做法不妥时，从维护公司利益出发，应对其提出忠告和建议——“进谏”。可这“进谏”也得分对象、分场合、分情境，有分寸才行，若是一味直谏、死谏，不仅解决不了问题，恐怕还会适得其反，引起误会——把你的好意当成冒犯顶撞，把你的忠诚当成别有用心。所以，在进谏时也要用点儿心计，谏得巧、谏得妙：

1. 多献可，少加否

“献其可，替其否”，是《左传》中的一句话，其意思是说，建议用可行的去代替不该做的。在下属向上司“进谏”时“多献可，少加否”，包括两层含义：其一，要多从正面去阐发自己的观点；其二，要少从反面去否定和批驳上司的意见，甚至要通过迂回变通的办法有意回避与上司的意见产生正面冲突。

例如：甲是一家公司的部门经理，公司根据业务发展情况需要给甲配了一名专管业务的副手，这时甲想提拔一位懂业务、有经验的下属担任此职，而上司却准备从其他部门派一名不懂这方面业务的外行人任职。在这种情况下，甲可把话题多用在部门副经理应具备的条件和甲所提人选已具备的条件上，而不应用在反驳上司所提候选人上。这样既可以避免与上司发生直接冲突，又能把话题保留在自己所提人选上。

2. 多“桌下”，少“桌面”

这里的“桌下”和“桌面”，分别指非正式场合和正式场合，或者说私下交谈和当众交换意见。所谓“多‘桌下’，少‘桌面’”，就是说下属向上司提出忠告时，要多利用非正式场合，少使用正式场合，尽量与上司私下交谈，避免对上司公开提意见。这样做不仅能给自己留有回旋余地，即使提出的意见出现失误，也不会有损自己在公众心目中的形象，而且有利于维护上司的个人尊严，不至于使上司陷入被动和难堪。

美国的罗宾森教授曾说过这样一段很有启示的话：“人有时会很自然地改变自己的看法，但是如果有人当众说他错了，他会恼火，更加固执己见，甚至会全心全意地去维护自己的看法。这不是那种看法本身多么珍贵，而是他的自尊心受到了威胁。”罗宾森的话告诉我们：人人都有自尊心，人人都有维护自己尊严的本能，作为下属即使在向上司“进谏”时也莫忘记维护上司的尊严。

3. 多“引水”，少“开渠”

“多‘引水’，少‘开渠’”的意思是说对上司“进谏”不要直接去点破上司的错误所在或越俎代庖地替上司做出你所谓的正确决策，而是要用引导、试探、征询意见的方式，向上司讲明其决策、意见本身与实际情况不相符合，使上司在参考你所提出建议资料信息后，水到渠成地做出你想要说的正确决策。

戴尔·卡耐基曾经说过:“如果你仅仅提出建议，而让别人自己去得出结论，让他觉得这个想法是他自己的，这样不更聪明吗?”许多实践也表明，人们对于自己得出的看法，往往比别人强加给他的看法更加坚信不疑。因此作为一个聪明的下属，要想使自己的看法变成上司的想法，在许多时候应仅仅做好引导工作，提出建议、提供资料，其中所蕴涵着的结论，最好留给上司自己去定夺。

4. 给出多项建议——以避“逼宫”之嫌

对于在国外出生的学究式人物亨利·基辛格来说，他在美国政府中的生涯可谓壮丽辉煌。他第一次崭露头角引起国民注意是作为已故的纽约州州长纳尔逊·洛克菲勒的外交政策顾问，当时洛克菲勒竭力向理查得·尼克松推荐基辛格，终使基辛格后来成了美国的国务卿。继尼克松之后，杰拉尔德·福特接任总统，他上任后办理的第一件事就是重新任命基辛格为国务卿。还有罗纳德·里根，虽然他被迫向极右支持者们许诺言，他将不会任命基辛格为国务卿，然而他却经常要求基辛格的帮助。

与总统或将成为总统的人打交道，基辛格喜欢用的手段之一就是让他们做各种选择。至少在重要问题上，他努力向他们提供许多可能性以便他们选择，而不是提出一个特定的政策或是特定的行动方针。

基辛格总是精心地列举各种可能性方案并且认真地写下它们所有的优点和缺点，但他绝对禁止自己只推荐其中的任何一个。

从上司管理的角度来看，这种方法的优点是显而易见的。当然，这种方法不只局限于广阔的外交活动场所，在处理细微琐事的时候，也可以有效地使用它。

比如，波特正在为一家小公司处理雇员关系问题。这家公司已经接受了大量的订货任务。为了完成任务，公司实际上已增加了劳动力，因而曾一度宽敞的公司停车场现已变得拥挤不堪。雇员们为了有限的停车场开始激烈地争夺，而且所用言语相当刻毒，就在今天早晨，两个雇员为争夺停车场发生口角，导致动手打架。

波特觉得这个问题应当引起上司的重视，因为他所能想到的任何一个解决方法都超出了他的职责范围。他列出了一些可供选择的方案，而不是把这件事情往上司身上一推了事，或者提出一个拟定好的方法劝他采纳。波特提出的可供选择的方案主要包括：扩大停车场；租车在停车场和交通便利的地方之间接送工人；停车收费并把这份盈利作为雇员的娱乐基金；组织汽车联营等等。所有这些方案各有利弊，拟定方案时，他仔细但简要地说明了这些利弊。结果波特的建议被顺利地采纳了。

我们在给上司提建议的时候，也要尽量让上司在多项建议中作出选择。

5.“进谏”时要注意不要犯了以下忌讳

（1）不可抱着改变对方主意的心情与其争论，也不要试图去“赢”这场争吵，只要陈述自己的观点就可以了，但也不应该让人感到你在说教。

（2）强调共同之处。差不多任何争执都有某些双方同意的见解，应该强调这些；如果过分强调分歧的意见，必然使对方不服。

（3）不要以表达不同见解来证明自己高人一筹。

（4）在你不同意对方的意见之前，必须先了解对方的立场，以求没有误解对方的意思。不过，在未澄清之前，切忌假定意见已有分歧。

（5）有其他人在场时，不要提出使对方感到为难或难堪的意见。

(6) 保持愉快态度，不要表露出愤怒、不耐烦的情绪。声音要保持温和、愉快，避免打断对方的讲话，不要用皱眉、摇头等动作。

(7) 在表达意见的时候，要具有选择性，如果在一切事情上都挑剔，人们很快就不愿听你的了。

(8) 在提建议时，不要贬低别人。

正确面对不同的批评

害怕批评使许多人不敢提出问题，不敢试验新生事物，不敢自由地表达自己。它还造成过多的压抑，使人们不能开发自己的潜能。害怕批评也限制了我们获取和享受财富的能力。它可以使我们放弃（或根本就得不到）很有利润或非常好的项目。生活中我们会遇到各种各样的批评，对待不同的批评，要采用不同的应对策略。

如果批评是正确的，那你就应该从中学习吸取教训，这样你就可以成长起来并进行一些积极的改变。如果你这样做了，不仅不会失掉什么，而且还得到了许多东西。因此你应怀有谢意，应该感谢那些向你提出批评的人。

如果经过客观分析，你认为该批评是毫无根据的，也没有被其影响的必要。因为这并不是你的问题，而是别人的问题。如果你让其影响了，就是让别人控制了自己。将自己的自我形象树立得越强、越积极，对待批评就会更加心胸开阔。你会发现它不仅不会伤害你，相反，还会帮助你。

批评对你的自身价值并不是一种威胁。你可以通过将重点放在积极的见解上，而受益匪浅。具体建议如下：

1. 判定别人对你的批评是否适当

心理学家海德里·韦辛格博士提出下列问题，供你判断别人的批评是否合适。

——同样的批评是否来自不同的人？

——批评者对批评的主题是否有深入的认识？

——批评的确是冲着自己来的吗？

——针对此批评而采取相应措施，是否相当重要？

若能正确判断批评，便有助于你正确应对批评。

2. 面对正确的批评

首先，缓和你的情绪。不过你得提醒自己，纵使批评者的看法是正确的，你还是个有价值的人。如果对方的确是对的，别找任何借口逃避，要勇敢地表示同意。另外，要求对方提供更多的资讯，也是一种不错的反应方式。最聪明的相应措施是，进行必要的改善，如果批评是以非常令人不快的方式加诸在你身上，不妨对尖锐的言词置若罔闻，只听对方言谈中有价值的资讯。

一般而言，如果你把犯错的难堪摆在一边，而想到改进会给你带来的好处，那么批评对你而言，必能坦然处之。

3. 面对有失公允的批评

如果批评者的看法不对，那就没有理由照他的意思去做，向对方表示你了解他的感受是有帮助的；如果讨论的问题不重要，或者你与批评者的关系并不密切，那么就当作你没听过他的批评一样。但是如果所讨论的是重要事物，而且批评者又与你关系密切，便最好向他指明他的看法不对，同时提出相应的理由或者证据。

4. 面对观点不同的批评

在此种情况下，看法无所谓对或错，只是两人的意见恰巧不同罢了，

对于正确的看法，你可以礼貌地表示同意，但对于无法同意的看法，你的言词应该是:“我不敢苟同，但我知道你为何会那样想。”确定讨论主题以及你与批评者彼此间关系的重要性如何，如果两者对你而言均不重要，你大可对批评一笑置之，但若两者都重要，那你就得好好处理了。

辩解——明确责任而非推卸

被领导批评或指责，虽然应该诚恳而虚心地听取，但并非说你一定要忍气吞声，不管他说得对不对都要一古脑儿接受，必要时应该勇于辩护，并且要做积极的辩护。

有些人面临麻烦事常用辩护来逃避责任，这就走到另一个极端了。

这种推卸责任的辩护，偶一为之，无伤大雅。倘一犯再犯，肯定会失去别人对你的信任。

有时候，做错了事，责任大部分却是在领导，这时应大胆辩解了。不辩解，只能使领导对你的印象更加恶化，丝毫不会考虑到也有他自己的责任。

所以工作中，同事或朋友之间，尤其是下级与上级之间，由于地位不同，而发生意见相左的情况时，不要害怕会被认为是顶撞，应积极地说明理由，沉默不语只能使问题更加复杂而难以化解。

辩解的困难点在于双方都意气用事，头脑失去了冷静，所以过于紧张和自责，反而会使场面更僵。因此越到这类棘手的对立状态时，更应该积极辩明，明确责任。具体要注意以下几点：

不要畏惧。不必害怕声色俱厉的领导，越是嚷得凶的领导往往心越软。

把握时机。寻找一个恰当的机会进行辩解也很重要。

自我反省的事项要越简单明了越好。不要悔恨不已，痛哭流涕，不成体统，越把自己说得无能，反而会增加领导对你的不满。当然，还是适当点一下为好，但要点到本质上，说明自己对错误已经有了足够的认识。

辩明应该越早越好。辩明越早，则越容易采取补救措施。否则，因为害怕领导责骂而迟迟不说明，越拖越误事，领导会更生气。

对待领导的责难或要求，当然应该勇于答辩、积极答辩，不过，与平时讲话一样，应该讲究技巧。那么，如何答辩才是巧妙的，才能既不冒犯领导，又能达到自己的目的呢?

辩护时别忘了站在对方的立场上讲话。上级责备下级，当然是出于自己的观点。如果下级不了解这一点，一味认为自己受了冤枉，因为站在本身的立场上拼命替自己辩解，这样只能越辩越使领导生气。应该把眼光放高一点，站在对方的立场上来解释这件事，则容易被接受。

辩解时不管是何种情况，都不要加上“你居然这么说……”任何人都有保护自己的本能，做错事或和旁人意见相左时，便会积极地说明经过、背景、原因等。但在领导看来，这种人顽固不化，只是找理由为自己辩护罢了。

道歉时不要再加上“但是……”千万不要说:“虽然那样……但是……”这种道歉的话，让人听起来觉得你好像是在强词夺理，无理搅三分。

道歉时，只要说“对不起!”不必再加上“但是……”如果面对的是性格坦率的领导，或许就可以化解彼此的距离。当然该说明的时候仍要有勇气据理力争，好让领导了解自己的立场。

巧妙应对刻薄话

我们可能经常听到来自同事或朋友、朋友甚至亲人的刻薄的话，如果我们不能忍受这记闷棍，就很容易坠入反唇相讥的恶性循环里。不过，还是有方法可以使你避开伤人的暗箭，同时又能增强你的自信心。下面几种手段不妨一试：

1. 弄清真相

伤害你的人一定有不少理由。如果你想象不出他为何出言不逊，不妨有礼貌地打听一下。

记住，有的人火气很大，但真矛头并不一定针对你。比如，对你大喊的那位女同事或朋友可能真地对你并无恶意，她无礼貌的原因完全是为了前一天晚上男友把她“甩了”，或同她吵了一天架……又如，那位男同事或朋友直冲到你面前才紧急刹车，也许并非真地要难为你，而是急着想到医院里去，他的小孩正躺在病床上……重要的是，当你冷静地弄清真相，并以宽大为怀时，你一定会摆脱许多无谓的烦恼，而且还会从自己的优雅姿态中得到慰藉。

2. 正确分析

人际关系专家苏泽特·哈登·埃尔金在他的一本专著中讲了许多宝贵的意见。

其中之一是把对方的攻击分解成若干部分，然后尽量分析：哪些部分的话已说全了，哪些部分并没说完，而没有说完部分的潜台词里，则往往

包含着某些较合理的成分。注意，倘若你能对那些合理部分做出若干合理的反应，情况往往会变得好一些。

比如，一次一个病人家属冲着毫不相干的护士发了顿脾气，当护士分析出家属是因病人没有得到上一班护士应有的照顾时，便主动代同事做了一点解释并代她致歉，家属果然消了气而且还反过来道歉。

3. 妥善处理

对于某些实在难以宽恕的侮辱，有效的策略之一是直率而诚恳地发问："您有伤害别人感情的任何理由吗?"或很有礼貌地说："我很想弄清楚您的意思，能解释一下吗?"在很多情况下，当对方意识到你已注意他时，他是会从你的沉着面前后退一步的。

4. 使用幽默

某天，一位对清洁十分苛求的母亲在女儿的书房里看到了一张蜘蛛网，就怒气冲冲地说："那是什么呀?"女儿不动声色地说："是一项科学工程。"使用幽默不仅能帮你很好地对付责难，还能帮你自我解脱。

5. 发出信号

某丈夫常于公开场合使妻子难堪。后来，妻子老是随身带着一块小毛巾，每当他开始发作时，便把它放在自己头上，丈夫每每因窘而止。

有时，你发出的信号是向挑衅者表示我已知道你不怀好意，但我不愿理睬，更不想报复。比如，有一次，某人做一掸去新衣上的灰尘状，别人问他在干什么，他答："有人在伤害我，不过我不在乎，拍掉点灰就是了……"有时，你对攻击做出毫无兴趣的样子，如眨眼睛、打呵欠、望远处等。你不屑一顾的态度常会使挑衅者自讨没趣，风波自然也就平息了。

6. 学会谅解

一位著名作家说："人总是有缺点的，但是你要尽量往一个人的可爱处看，慢慢你就会觉得，那些缺点也都是可原谅的。"学会谅解要把握住两点：一是要懂得，世界上总有人想靠伤害人悦己；二是要明白，多想想那些人的难处、长处、可怜无奈处，便会消气。

化整为零，减轻压力

每个人都怕有压力，事实上，压力只是一种心理感觉罢了！

例如，有些人一旦被指派去负责有点困难的工作，便会退缩不前或是找借口脱身，逃避应承担的压力和责任。

老实说，他们会有这样的反应，和这些工作是否很难没有绝对关系，也绝不是因为他们的能力不够，只是他不想积极正面去承担这些压力罢了！

对于像这样的人，你就要用“化整为零”的策略，先减轻他的心理负担，再去说服才会有效。

银行信用卡中心、百货公司或购物中心最喜欢用这种“化整为零”的策略，来让消费者产生负担很轻松的错觉，进一步说服消费者花钱买东西。

就好像你要对方一次付 10 万元买名牌，没有几个人会花这个钱，但是，同样的金额，如果你让对方分 12 期又是零利率，那么再没钱的人也会先买再说。

再打个比方，如果公司设定一个月的基本业绩额为 60 万元，悲观的人便会认为这根本不可能完成。但是只要试着将金额分割开来，化整为零，换算成一天的话就是两万元，大部分人的心理压力就没那么大。

人就是这样，60万听起来金额很大，心理的负担也跟着加重，如果是2万的话，心里的负担也跟着减轻，点头同意的机会就比较大。

虚实相掩

任何人，当他面对一位无论在社会地位、年龄妆扮、知名度上都比自己略胜一筹的人时，心理上难免有障碍，不敢正面和对方交谈，让对方始终以压倒性姿态占上风，这就容易让自己一直处于劣势。

因此，当你假设对方也摸不清你的虚实时，你不妨用一招“虚实相掩”的攻心术，自然可以提高自己的发言地位。

假如你是新闻记者要采访名人，或者是某报社的编辑要向名人约稿，就得采用一些特别的说话策略。

由于名人都有一定的社交范围，有高人一等的优越意识，要说服他们答应你的要求绝非易事；但此事虽然有一定的难度，却不是毫无办法。

某大报的编辑在与名人的语言交际方面有相当丰富的经验，其中有一些是值得借鉴的。

据说，有一次他向一位大作家约稿，但这位作家不是推说没有时间，就是说自己马上要旅行，结果他打了无数电话都无法让对方答应。这是因为对方的名气太大，找他写文章的人又特别多，所以一时之间无法给他一个满意的答复。

由于对方是名人，而他又有求于对方，情急之下难免低声下气，结果反而令那位大作家更加心高气傲，连说话声音都是冷冰冰的。

但这位编辑凭着一股锲而不舍的精神，决心要完成总编辑交付的任务，所以他就换了一种语言战术，打电话只是告知作家对他的新作品有很高评价。

过了几天，他又亲自拜访那位作家，一开始他对于约稿的事只字不提，只是和他聊天。

接着，在双方交谈甚为融洽之时，他突然说："先生，听说你最近写的一部长篇小说在国外很畅销，有这回事吗？"

这位高傲的作家听到这句话，心中更是乐不可支。接着这位朋友又问："我拜读过先生的不少作品，知道先生一贯以意识形态的手法进行创作，请问这部作品也能够翻译成英文吗？"

大作家听了更加兴奋，态度也不再那么傲慢了，他说："因为我写作的手法十分奇特，翻译成英文有些困难，不过还好我的英文底子不错，加上几位教授朋友的协助，最后还是把这部作品译成英文，只是苦了翻译及编辑人员。"两人于是开始兴致勃勃地谈论起文学作品。

刚开始，这位编辑朋友还为他所采用的说话术担心，没想到作家的反应如此热烈，比他预期的还要好。

几十分钟后，大作家亲口答应当天就给他一篇文章，这位朋友最后高高兴兴地回去交差了。

名人不是忙人就是闲人，太忙的名人没时间，太闲的名人没有动力，提不起劲。而且，只要是名人，每天都会遇上采访、赴宴或者约稿的琐事，所以他们通常对这些事不太热情。

而这位编辑之所以成功，完全在于他虚实相结合的说话策略的成功。

然而，使用"虚实相掩"的说话术时，必须要先认清双方的实力，进退都要有一定的分寸。如果遇上实力强的对手，就要以虚来应付，不要正面硬碰硬，而要从侧面找对方的缺口。

否则，双方正面攻击会让你像鸡蛋碰石头一样，自找死路。相对的，如果你的实力比对手强，你就可以从正面发动攻势，一鼓作气地击溃对方。

不过，现实世界中，真正实力强大的人不多，你我也不太可能经常有这种好运；因此，懂得以虚避实，躲开对方的强大攻势，用虚的策略消耗对方的力量，才是真正的高手。

现实生活中，我们随时都可能遇上突如其来的事情，一时之间弄不清对方的虚实，最好先避开对方的锋芒，以免被刺伤。谈话时碰到这种情况，最稳当的策略就是“避实就虚”。例如，如果你正在和恋人聊天，她突然问及你以前的情人，并且目不转睛地看着你，这时你千万不要提起以前的风流韵事，更不能洋洋自得地滔滔不绝。这时，你最好是把话题拉回到她身上，说:“说实在的，和你在一起，那些事我早就忘了!”或者说:“我现在心中只有你，就当我得了失忆症好了！我只记得你是我的情人。”

因为热恋中的男女，连对方身旁的空气都渴望占为己有，如果你此刻谈起以前的恋人而且还不知死活地露出陶醉的样子，对方一定会想:“看来这家伙旧情难忘，虽然信誓旦旦说爱我，结果还不是口是心非。”

所以你一定要慎重回答这类问题，最好是避实就虚，否则，也许会因此断送一段好姻缘。

借力打力

《古今谭概》是明朝文人冯梦龙的一部笔记小说，其中记载了一篇这样的故事：

从前有一位大户人家的子弟屡试不第，被全族人鄙视。这位先生也真是不幸，科举考试好像没有他的份似的，尽管有满腹经纶也无处施展，这匹被埋没的“千里马”除了暗自叹息也别无他法。

令人不解的是，他的父亲乃是当朝内阁大学士，文名天下，权势也极大。最令他生气的是，他自己考不上，而他的儿子第一次参加殿试，竟然就被皇上钦点为状元。

这位先生为此饱受父亲的责备，怪他丢尽全族人的脸，不但比不上须发皆白的老父，连一名黄毛孺子都超过了他。这位先生有口难辩，一直默默忍受老父的责骂。

有一天，他的父亲又当着许多亲友的面开始数落他。他实在忍不住，便反驳他父亲说:“我的父亲是内阁大学士，你的父亲不过是一介渔夫；我的儿子是位名状元，你的儿子是久考不中的书生。你的父亲比不上我的父亲；你的儿子又比不上我的儿子。那就是说你尚差我一截，为什么整天骂我是不肖子呢?”那位内阁大学士听了这番申冤辩白的话语，忍不住哈哈大笑，从此再也不责备他的儿子。这位内阁大学士的儿子虽然不能和他的父亲与儿子比名声，却是一位辩论的人才。

他在与父亲的对话中，便使用了借力使力的说话术，在贬对方的同时，也在赞扬对方。他的父亲责斥他，他又借此反击父亲，并用自己的儿子作陪衬。另外，他以自己的父亲来对抗，使得整段辩论滑稽可笑，道理虽歪，技巧却高人一筹，终于使得大学士不再当众责骂他。

对于那些你不方便直接批判或顶撞的人，倒是很适合用这种借别人的力来打别人的“策略”，笑着打他一巴掌，而且人家还不会生气。

打个比方，你正和客户讨论产品的品质问题，对方突然发表意见，说他们的产品是经无数次实验后的专利产品，根本不会有品质不合格的问题。

如果这时想你反驳他，最好不要用什么资料或权威人士的检验结论来

驳斥，你只需说：“您说的不错，但我们在使用过程中，产品的确产生故障，而且我们的操作方法完全是依照说明书上的指示。我绝对相信您公司编写的说明书应该也是毫无瑕疵的，但这又该如何解释呢？”

这时，对方一定会无话可说，但也无法对你发脾气。

总而言之，态度强硬或自以为是的人，总是一厢情愿地认为自己是最优秀的辩手，是无懈可击的。其实，这是一种愚蠢且没有策略素养的心理，只要你反击得力，就会令对手乖乖地臣服。

要知道，采用强硬态度的目的不过是一种自我保护，甚至是为了掩饰自己缺点的一种过度反应，为的是取得更多的利益。

事实上，这种对手看似盛气凌人，实则外强中干。如果你刚好抓住他最薄弱的“死穴”，只需轻轻一句话，对方的气势就会急转直下，判若两人。

正如武侠小说中描写的一般，练金钟罩或者铁布衫的人，任你刀砍剑刺，也无法伤他半点皮毛，但如果你找到他的死穴，则只须一点就可以要了他的命。

让对方的子弹转弯

如果你不小心被人指出错误，而你的身份和地位又不容许你出现这种错误，此时你必须马上将对方的注意力引开，或者将问题巧妙地推回给发问者。

当两者的对立情绪已经到最高点，就要一触即发时，突然来了一个共

同的敌人，反而会使两人化干戈为玉帛。

谈话高明的一方会马上假设一个共同的敌人，来降低双方的对立感和敌意，因为涉及双方的利益，对方会暂时合作，以便减少不必要的损失。

有一名法文老师语言偏激，常常对犯错的学生冷嘲热讽，令那些自尊心强的学生难堪不已，所以在他执教的学校里，他算是一名不受学生欢迎的老师。

不巧的是，某天他讲授法文时，不小心在语法问题上犯了一个明显的错误，并当场被一名昔日被他嘲讽过而耿耿于怀的学生发觉。这名学生马上逮住报复的机会，丝毫不客气地指出错误，此时所有的学生都安静不语，想看看平时嚣张跋扈的老师会如何应付。

这名教师不知如何面对这个窘境，一阵面红耳赤，但他毕竟拥有很长时间的教学经验，略懂得一些语言技巧上的进退策略。

过了一会儿，他冷静下来说："噢，看你平时上课心不在焉，想不到居然这么细心，连这么不起眼的毛病都被你发现了，其他同学是怎么回事？为什么疏忽了这个错误呢？"

这位学生本来是以报复的心态向老师展开攻击，不料竟得到一贯偏激的老师当众赞扬，刹那间一种自豪的满足感溢满胸怀，马上又觉得这位老师其实也有可爱之处，并不是那种人见人嫌的人物。

这位老师在这故事中发挥他的语言长处，给这位企图让他难堪的学生戴了一顶高帽子，堵塞他急欲让对方当众出丑的嘴巴，最后老师又补充说："像这种不起眼的小毛病，必须要仔细认真才不会发生，如果不加以改正，时间一久便容易犯下更大的错误，所以大家要记取今天这个教训。"

这位老师所使用的说话术可谓高明至极，他接住别人射来的利箭，又反掷回去，并且丝毫不带杀气，以他的这番谈话来看，只会让人觉得他在赞扬某位发现小错误的学生，而不是承认自己失误，从而告诫学生谨慎勿犯，无形中将自己的失误淡化了。这种使对方改变初衷的说话术，便是模糊主题策略的另一种表现方式。

通常，许多人受到指责后，会觉得自尊心受到伤害，如果是德高望重或高高在上之人，往往会利用暴躁的气势压住对方。如果这位老师没有这种随机应变的说话技巧，便无法从容应付，只能恼羞成怒地大加斥责，或者竭尽所能地欲盖弥彰，那样却犹如火上加油，使对方的不满情绪更加强烈，造成下不了台的局面。

如果被语言攻击的人是长者或上司，他们往往会无视真正的问题，而将这件事转化为私人的尊严问题，甚至扩大到道德规范，如此一来，双方极易形成对峙的局面，不利于今后双方的再次沟通。所以，高明的语言大师或善知人性心理者面对此种局面时，一定会故意让对方在语言逻辑上另转他向，从而消减怒气，遏止事态的扩张。同样的技巧可以运用于商业交际中，如果你与对手在语言上陷入对立，这时不妨话锋一转："先生，最近我听到许多消费者对我们合作所制造的产品有强烈的不满，如我们再不改进，会被通路封杀。"对方也许就马上放弃与你的敌对立场，转而共同探讨改进的方法。即使你所说的状况实际上并不存在，也足以让对方重视，在短时间内不再针对你。

例如，甲乙双方正在进行激烈的争论，这时，乙方正准备从正面去驳斥甲方的观点，突然间，甲方不但在态度上发生大逆转，话题也转向另一件与乙方有利害关系的事情，乙方便不好意思用强硬的措词去反驳甲方了。

如果你身为一名推销员，试图在这一行业里有所作为，同样要掌握丰富的谈话技巧。例如，你正对顾客介绍某样商品，但对方却说："这东西太贵了，另外几种和它效果差不多的商品，却便宜许多。"此时你可点头说道："你说得很对。"

先听取对方的意见，再运用语言的逻辑，转移对方攻击的力道。接着再对他说:“你的担心不是没有道理，但你要了解，我们的产品省油省电，又是高性能，在同类产品中，只有我们的售后服务是最先进可靠的。”

对方会因你开始赞同他的观点而不再排斥你，听了你的介绍后，他会认真地和其他商品做一番比较，即使不买你的商品，也会对你留下深刻的印象。

朋友之间，同僚之间，如果必须运用这种说话技巧，你得好好考虑如何更合理地运用。

例如，你有一位孤僻的同事，从来不肯与人合作，也不愿和人交往，始终对人怀有敌意，而你因为某件事又不得不请他帮忙，那么不妨对他说:“如果你帮忙办成此事，上司会对我们另眼相看，这对我们都有好处。如果我一个人去完成，肯定没有你帮忙来得顺利，万一做不好，上司还会因此而怪罪我们。”

那位同事听了这番恳切的言词后，就会在权衡利害得失后与你合作。运用语言的逻辑使对方改变初衷，从而达到自己的目的，这种策略是大家经常使用的，攻心说话术这种技巧，就是要你抓住双方“共同”的心理弱点，使对方判断失误，这样就可以俘虏对方的心理动向，使事情朝着你预设的方向发展。

转移不利于你的话题

每个人难免都会遇到一些不好意思拒绝的要求。例如，你从不喜欢打牌，却因为几位数年未见的朋友相聚，并且非要你参加牌局不可，对你而言，如何来说服对方，找一个推卸的借口是颇为费神的事情。

大凡喜爱杯中物的人，当他想找人喝一杯时，通常不会主动去呼朋引伴，而总是将责任推给别人。他们常说："既然是你请我，那我就陪你去吧！"以此来推卸责任，或者回家以此理由向父母、太太交差。

这种性格的人，自己很想做某件事情，却不愿担受风险，负起责任。

就如同爱喝酒的人，分明是自己想喝酒，却因怕老婆责骂，便故意把责任推给朋友，说自己是被别人强拉过去的。不仅喝酒如此，其他诸如打牌、跳舞等也是如此，尽说些"我是受经理的委托"、"这是同事的意思"等不负责任的话。

社交礼仪中，你想送礼物给朋友，如果你稍微用一点技巧，就不会使对方觉得不好意思，从而一定会收下礼物。

你说："我这段时间受了你许多照顾，这小小的东西实在无法表达我的心意，但还是请你笑纳。"

大多数人听了这番话后，都会欣然接受，因为你早就替对方找好接受礼物的借口，使他在收受礼物时不会感到不好意思。

如果你要送上司小礼物，或者在节日去拜访以前的老师，都可以用这种方法，使对方能够坦然接受你的敬意。

在社交场合，并非每个人都是你的知己，也许某些人正准备从背后袭击你。如果你挽着太太正在散步，两人兴致高昂时，突然有人走过来嘻皮笑脸地对你说："上星期三晚上在我家里玩得痛快吗？"

虽然他也许是实话实说，但此刻你身边的太太听见了这种话肯定不高兴，且会开始疑神疑鬼。

最好的办法是消除那句话的不良后果，你可以对他说："你想我输啊！我才不会上当呢！"

妻子的注意就会转移到你们打赌的事上，你再善意地哄哄太太，说你跟那个人曾打过赌：如果突然之间让我们夫妻俩翻脸，就输给他 100 元。

说不定你太太会说："是吗？那我们偏偏要亲密一些，让他休想拿走一分钱。"如此轻易地便消除了一场可能发生的家庭风暴。

四两拨千斤

当你突然遭到对方咄咄逼人的袭击，该如何说才能转危为安呢？

如果你所遇到的质问或责难相当尖锐，不妨避实就虚，用"这件事我们以后再谈好吗？"等策略来缓和当时的紧张气氛。

在某大学的课堂上，教授正在讲授先秦历史，突然有一名好奇的学生提出一个与该节课内容毫无关系的问题："请问老师，孔子一生仁慈，为何要杀少王卯呢？"

教授听后先是一愣，然后很用心地回答这个问题，但那位学生似乎想为难这位教授，一直不断地与他争论，弄得教授差点下不了台。

任何人如果碰上这种不讲道理的人，都不容易全身而退。虽然这位教授可以正面回绝学生的提问，但这种方法无法使对方心服口服。

事实上，这位教授不妨这样说："如果你对这个问题感兴趣，我们可以下课再详谈，现在是上课时间，让我们上完课再说吧！"

如此一来，想必那位学生也不好意思再坚持下去。

如果那位学生无论如何都要你当面回答，那就得看你能否很巧妙地躲闪这恼人的话题。否则，你便和对方永无休止地纠缠下去，不但意见上的冲突会越来越多，而且到头来只会让自己难堪。而这正是对方的最终目的，因此，你只要一不小心没有掌握好说话策略，便会落入对方的圈套。

假使当时你们是在一种不很严肃或不很正式的场合，你可以用另一种策略来避开对方的唇枪舌剑，例如以“这个时候我们只喝酒，不谈其他问题”来推辞，便可四两拨千金，轻松地将对方的话题引开。

如果是在学术讨论会上，这样的突发事件往往会引发火爆的语言冲突。若你冷静则还能够控制局面，如果你当时冷静不下来，而且你的身份和地位又要求你必须正面对抗时，往往就只有靠第三者来缓和冲突。

此时会议主席不妨暂时承认双方各有道理，同时表明这个问题争论很久，而且事关重大，即使是他也无法立刻回答。此时你不能恃强争论，要顺势取巧，可以说：“关于这一问题我们日后再讨论，今天我们暂且只讨论此次的主题。”

当你从困境中脱身之后，如果觉得有胜过对方的把握，就可以在恰当的时机回答他的问题，说服对方。若没把握，也可以一直拖延下去，反正“日后”是一个虚拟概念，没有确定的时间。

这种说话方法比直接拒绝巧妙得多，也更容易让对方接受，虽然表面上你是低姿态，实际上却是拒绝正面回答以保持对方心态的平衡。如果你的口气能掌握得更准确一点，还会给人一种你对此问题根本不屑回答的感觉。

顺水推舟

在现实生活中，有时你碰到的并不是一位很有理智的人，他不是提出一个问题，而是滔滔不绝地说话，既无条理，也没道理。

这种情况下最好的办法是听他讲完后，再发表你的意见。

有一名鞋店老板就曾碰上这样的事，一位小姐花整个下午的时间在鞋店里挑选，结果批评的意见提了不少，鞋子却是一双也没有看上。

最后，这位小姐干脆请售货员找来老板，当着许多顾客的面滔滔不绝地说一些如“这双鞋的后跟太高了”、“我不喜欢这种皮料”，或者“你们的服务态度真不好，我选了一下午的鞋子，居然没有一个人过来帮我出点主意”之类的牢骚话。

那位老板就像一名听话的小学生一样，一直站在旁边听她发表“高论”，一声都没有吭。直到那位小姐说完后，老板才缓缓地说：“对不起，请你等一会儿。”然后便走到鞋架旁，拿出一双鞋摆在小姐的面前说：“小姐，我想这双鞋最能衬托你的气质。”

那位小姐半信半疑地将鞋穿上，结果不但大小合适，而且颜色、样式都令她十分满意。

那位小姐满意地说：“这双鞋好像是专门为我订做的一样。”最后高高兴兴地付账离开。

做生意，人们都知道秉持“顾客至上”的信条，一般而言，无论顾客说什么，你都不可以反驳，除非顾客有侮辱你人格的地方，否则你就应该像那位鞋店老板一样听她说完话，然后再发表你的意见，不给顾客唱反调的机会。这位鞋店老板十分懂得这种顾客心理。

他先让对方发表意见，也许他根本一个字都没有听进去，但他的态度令顾客十分满意，最后抓住机会轻轻一击，对方很快就败下阵来。其实，鞋店老板最后拿出的那双鞋子，实际上是那位小姐早就试过却下不了决心购买的鞋子。

但经验老到又了解人心的老板，却早就看出她只是要人临门一脚，给她一个肯定的答案，好让她下决心。

事实上，这位执拗的小姐可能看了好几家鞋店，都没有人懂得她的心，也没有人有耐心听她抱怨，更没有人能在她抱怨后适时给她一个建议，直到遇到这个老板。

因此，遇到这类不讲理或专门找麻烦的人，不妨善用鞋店老板的“顺水推舟”，绝对不要动不动就发脾气或没耐心地应付，否则，硬碰硬的结果会让你后悔莫及。

偷换概念

《庄子·山木》中记载：庄子和众弟子出游，行至一片森林之中，看见一位农夫在砍伐树木，令他们奇怪的是有一棵树特别高大，枝叶茂盛，但农夫却对它视而不见，跳过不砍，庄子便问农夫是何道理。

农夫说：“这棵树虽然看起来枝叶茂盛，但它却外实内空，没有用处。”

庄子马上借题发挥对弟子说：“你们明白做人的道理了吧？那些树由于有用处而丧失生命，这棵树却因为没有用处而得以苟且偷生，你们要记住这件事，做人也要虚无一些，否则便保不住性命。”

众弟子齐声说：“记住了。”

出游时天气炎热，庄子便率弟子们到一位朋友家里歇息。

由于他们远道而来，热心的主人特意决定杀一只鹅招待他们。捉鹅的时候，主人的小儿子问父亲捉哪一只，慈祥的老者便吩咐小儿说：“就捉那只不会叫的鹅吧！”

庄子在旁边马上补充说："你们看到了吧！这只鹅因为没有用处而保不住性命，这和你们做人的道理一样啊！在这个社会里，优胜劣败，谁没有用，谁就连性命也难保。"

弟子中一位头脑比较聪明的，见老师教诲的方向忽东忽西，便问庄子："老师，树木由于没有作用而保存性命，家禽因为没有作用而丧失性命，我们究竟应该怎么做呢？"

庄子明白自己的言语逻辑出现了失误，让学生抓住了把柄，他灵机一动，用"偷换概念"策略回答说："做人应该中庸一点，有时候要视环境决定做人的标准，不能拘泥固执，该表现的时候就表现，不该表现的时候就把自己伪装起来。"

大千世界中，你无法以一种固定面目去面对每一件事物，有些事物需要你去搪塞，有些目的需要你去掩饰，有时候说话不能太肯定，有时候又不能说得太明白。

在这些条件限制下，你在运用说话术时就要闪烁其词，含糊带过。在商业活动或家庭生活中，如果你发现某些问题自己不能坦诚相待，但又无法回避时，就可以运用这种语言策略，让对方无法按照固定刻板的思维模式和你争辩，不过这种"两面人"的说话术还是慎用为妙。

综观高明政治家的说话技巧，可以发现他们有一个共同的特点，即含糊其辞，出言谨慎，甚至话中语意互相矛盾，例如一位政治家面对记者说："这是一件急需解决的重要事件，应该深思熟虑，认真处理。"

他说话的真实意图是什么？是应该要马上处理呢，还是需要缓一缓，需要长时间的深入研究？谁也不明白。

在你的周围，经常会发现一些成天叫嚷要辞职不做的人，背地里却拼命工作以搏取上司的好感，不让被炒鱿鱼的事降临在自己头上，这也是不让别人对自己有一个完整明确的印象，企图蒙骗他人的手段。

英国著名的戏剧大师莎士比亚写过一部名叫《亨利四世》的喜剧，剧中有一名惯贼，被警察捉住后，信誓旦旦地表示要痛改前非，重新做人。

然而他出狱后，一些从前的黑道伙伴再次拉他下水时，他一下子就答应了。有人问他为何言而无信，他却理直气壮地反驳说:“喂，哈尔！这是我的职业，不是吗？你们都知道忠于职业无罪。”

这显然是一种厚颜无耻的狡辩，他将职业和恶习混为一谈，用来欺骗自己。

这种说话术通常巧妙地把事物的两方面混为一谈，藉以达到混淆视听、迷惑别人的目的，对于言语混乱、思路不清的说话者，人们往往无法迅速有效地将其谈话内容归纳出一个统一的印象。

第四章 好话人人爱听

每个人都渴望得到别人和社会的肯定与认可，我们在付出了必要劳动和热情之后，都期待着别人的赞许。那么，把自己需要的东西首先慷慨地奉献给别人，体现出的是我们的大方和成熟。

赞美是人际交往中的无形投资

赞许别人的实质，是对别人的尊重和评价，也是送给别人最好的礼物和报酬，是搞好人际关系的一笔暂时看不到利润的投资。它表达的是我们的一片善心和好意，传递的是信任和情感，化解的是有意无意间与人形成的隔阂和摩擦。对人表示赞许，何乐而不为呢？世界上的人大都爱听好话，没有人会从内心里喜欢别人的指责，就是相濡以沫的朋友，你批评几句，对方脸上也有挂不住的时候。

美国哈佛大学的专家斯金诺通过一项实验的研究结果发现，连动物的大脑在收到鼓励的刺激后，大脑皮层的兴奋中心就开始起劲调动子系统，从而影响行为的改变。同样的道理，人作为万物的灵长，期望和享受欣赏是人类最基本的需求之一。日本社会心理学家在细和孝就说过:“人们对你赞誉、佩服或表示敬意时，除非显而易见地是溜须拍马，即使是应酬话，你也许还是觉着舒坦。可是，听到他人对你的批评、不中听的言语时，即使他没有恶意中伤，而且又部分符合实际，你也可能长期对他抱有反感。”在细和孝的话恐怕不仅仅是对日本人而言的，在一定程度上，他是参透了人性在对待赞许和批评方面的底蕴而发的透彻议论。中国也有相同的经验之谈，不过言简意赅，没那么具体。“多栽花，少栽刺”，就是这方面既直接又深富哲理的良策警语。

一般的常人身上，都有着难以察觉的闪光点，而这些正是个人价值的生动体现。而一个伟大的领导者，往往独具慧眼，大多是赞颂别人的专家。比如，罗斯福的才能就表现在对正直人给予恰当的称赞上。

既然赞扬是人际交往的润滑剂，我们就要在和周围人相处的过程中，毫不吝啬地赞扬别人，使赞许动机获得广大而神奇的效用。

1. 赞扬的过程是一个沟通的过程

一位学者在一所高等学府就职，此人深沉不露，严肃认真。其妻在实验室工作，经常与机器和数据打交道，也难免谨慎和刻板。然而不久前朋友们却发现其妻年轻了许多，不仅待人热情洋溢，穿戴打扮也焕然一新，遇到开心的事，笑声爽朗，很是动人。众人很纳闷，她怎么像换了个人似的。询问这位学者，才知道她近来调换了一个工作环境，那里年轻人多，气氛融洽，顶头上司又是一个充满活力、非常会说笑话的人，非常赞赏她工作的认真和负责。不失时机地给予她应有的鼓励和赞美，她也感觉到自己好像突然生活在另外的世界里，阳光灿烂，空气清新，连精神面貌都充满了朝气。

这经历说明，赞扬不仅能改善人际关系，而且能改变一个人的精神面貌和情感世界。赞扬的过程是一个沟通的过程。通过赞扬，你得到了对方的欣赏和尊重，自己享受了自尊、成功和愉快，你的精神面貌还能不如芝麻开花，充满盎然生机吗？

2. 赞扬能鼓励人向上和自强

马斯洛的层次理论认为，自尊和自我实现是一个人较高层次的需求，它一般表现为荣誉感和成就感。而荣誉和成就的取得，还须得到社会的认可。而赞扬的作用，就是把对方需要的荣誉感和成就感送到对方手里。当对方的行为得到你真心实意的赞许时，他看到的是别人对自己努力的认同和肯定，从而使自己渴望别人赞许的动机得到满足，从而在心理上得到强化和鼓舞，更有力地发挥自身的主观能动性，向着自己的目标出击。

某校有一位同学，在一次命题作文中，抄袭了一期杂志上的一篇散文。极为巧合的是，语文老师恰恰手里有这一期杂志。多年的从教生涯使他深深地懂得，要保护学生的自尊，鼓励和赞扬比挖苦和指责的效果要好得多。因为它给同学的，是正面的引导和促进。所以，他没有批评学生，而是把这位同学私下叫到房间里，称赞这篇散文写得很好，并帮助他分析了文章结构和起承转合，嘱咐他向更高的写作目标奋斗。

结果，这一次保护面子的赞许行为，在这位同学心中留下了极为深刻的印象，他真的爱上了写作，硬是靠着执着和勤奋，成为省作家协会的会员。赞赏的力量有时的确是十分惊人的，简直到了点石成金的程度。

3. 赞扬别人，也能激励自己

现实生活中，一个善于发现别人长处、善于赞扬别人优点的人，绝不是单方面的给予和付出。不知你是否也有这方面的体验，赞扬别人，往往也会激励自己。别人的精神会感染我，别人的榜样会带动我，人家行，我何以不行呢？这样一种情形和心态，在体育场上，简直可以说是比比皆是。

就以中国女排比赛为例吧，五连冠的中国女排队员们每打出一个好球，场内外无不爆发出如潮的掌声和叫好声，队员们也相互击掌，以示祝贺，从而又投入新的拼搏。我们可不可以这样说，女排的情绪感染了观众；观众的热情又激励着女排队员？这也是老女排能立于不败之地的社会心理学基础。实际上，这样一种赞扬别人也激励自己的情况，在社会生活中的其他领域也同样大行其道，就看你是否留心和自我实践了。

把赞美变成艺术

赞许，作为一种交往中的语言和行为艺术，绝不是脱口而出的奉承和恭维，也不是溜须拍马之辈的讨好和献媚。它具有一定的原理，还有心照不宣的使用规则，更有耐人寻味的实践技巧。这些，只有在心灵与心灵的撞击中，才能逐渐摸索和把握它的具体内涵。

1. 时间上要及时

生活当中，同事、朋友或家人的优点，随时都可能显现。而且，它是出现于一个稍纵即逝的运动过程之中，个别时候还犹如昙花一现。所以，一个会赞美别人的人，总是能抓住时机奉献赞美，赢得对方和在场者的好感，起到一种征服人心的效果。当你下班后走进家门，看见娇妻已先到一步，已经为你准备好晚餐，你只要深情的望她一眼，说一句“看到桌上的菜我就饿了”，她一定会心花怒放的。倘若你酒足饭饱之后才说一句，“你今天回来得真早”，那样的效果已经是雨后送伞了，她还能感受到你当时就有的那份亲情么？

2. 内容要巧妙

赞扬的形成，在于一般双方都是面对面的，所以内容上要具体，对象上要分明，有时尽管不直接涉及你所要赞美的客体，但对方早已知道你所指的是什么了。

3. 动机要真诚

我们去赞美一个人的时候，是我们所要赞美的人的确有值得我们赞美的地方，而我们赞美的本身，是对别人的尊重和钦佩。

从动机上讲，需要的是纯真；从态度上看，需要的是诚恳。如果我们不是出于真诚，在印象中给人一种虚情假意，对方会怀疑我们居心不良。

我们的赞扬不但不能得到回报，甚至还会招致冷遇和讨厌。赞扬中的言不由衷和人为客套，留给赞美者的有时只能是窘迫和尴尬，也使被赞扬者无所适从，难以下台，于人于己，都是有弊而无利的。俄罗斯诗坛的太阳普希金从皇村学校毕业后不久，便创作了他的第一篇叙事长诗——《鲁斯兰和抑德米拉》。这首诗诙谐有趣，轻灵活泼，很受读者的欢迎。著名的俄国大诗人茹柯夫斯基读罢此诗后也抑止不住激动和喜悦，他把自己的相片赠给昔日的学生普希金，并在照片的背面写道：“给我的胜利了的学生，他的失败的老师赠——在他完成《鲁斯兰和抑德米拉》的最庄严的日子。”无独有偶，浙江相乡县文物部门收藏有茅盾小时候的作文本。从评语中了解到，茅盾的国文老师早就看出了他将是未来文坛的千里马，预言这位后生有朝一日会青出于蓝而胜于蓝的，试摘一段评语如下：“文如水银泻地，无孔不入，此子前程，未可限量。”看来赞许也需要有伯乐相马的眼光，如果使用得当，其影响才真是未可限量的呢！

把握好赞美的分寸

《登徒子好色赋》中，“增之一分则太长，减之一分则太短”，用到此处来说明掌握赞扬的“度”，的确是恰如其分的。恰当的赞美，是极有分寸感的。这表现在以下几个方面：

1. 内容上要适度

赞扬一个人，不要乱说一气，任意夸大情节，评价失衡，给小人戴大帽子，那样是难以起到赞扬的正面效应的。透过你的溢美之词，就会看到你内心的动机。

2. 方式要适宜

人与人是各不相同的，赞扬要因人而异。不能用同一个型号的衣服，不分大小，见到谁就给谁穿。比如年龄层次不同，赞扬时语气上也应有所区别：对年轻人应多夸奖，对老年人应多尊敬，对小朋友应多引导。尺有所长，寸有所短。对方认为是缺陷的地方，你却当作长处赞赏，肯定会惹别人不高兴，明知他身短如桶，你却夸他伟岸挺拔，他只会把你的美言作为嘲讽来看，这样岂不南辕北辙？赞美的新鲜感，就是对赞美者的赞美，别人没发现也没赞美过的地方，经你突然一提，他才恍然大悟，觉得自己还有如此动人的一面，岂不荣幸有加？比如，一个本来就十分漂亮的女孩子，她的美貌人所共知，称赞她沉鱼落雁、倾国倾城不过是老生常谈，丝毫都不会引发她的好感。倘若你抓住时机，称赞她的聪明智慧，或者能歌善舞，以至于琴棋书画等方面的专长，一定会令她耳目一新，有更上一层楼的喜悦，对你产生好感，也就是意料当中的事了。因人施赞，一定会“弹无虚发”的。

3. 频率要适中

这里所说的频率是指相对时期内，对一个对象赞扬的次数。次数太少，起不到应有作用；次数太多，也会削弱应有的效果。而赞扬的频率是否适中，是以受赞扬者优良行为的进展程度为尺度的。如果被赞扬者的优良行为同赞扬的频率成正比，则说明赞扬的频率是适度的。如果呈现反比的现象，则说明赞扬的频率过高，已经到了“滥施”的程度，谁还会珍惜它呢？

称赞女性有秘诀

称赞女性同事或朋友的时候，大家可能都会认为先从外貌开始夸奖比较快捷。但问题是一旦你碰到相貌平平的女性怎么办？这就是说，除了容貌之外，我们并不是一无所求。众所周知，每个女人都有自己的特质，包括生活经历、家庭环境、教育层次、性情气质等。因而，每个女人所关心的内容和重点也不一样。不同的女人需要不同的称赞和夸奖。

1. 赞美女性同事或朋友的修养气质

对于相貌平平的女性，我们有必要从她的修养上找话题。比如说她从不大笑，说话从不大声等。有许多女人尽管长得漂亮，由于缺乏内涵，接触一段时间之后就露出了马脚；而一个拥有好的修养的女性，虽然外表不能打动我们，但是随着时间的推移，她的魅力会越来越大。

这种女性的吸引力是内在的，它可以征服一个男人的心，所以，你在这方面就有了可进攻之道。

下面是一些例子：

——对一个从不爱说话的女孩说：“你是我们这里最文静的女孩。”

——对一个总爱说话的女孩说：“你是我们这里最活泼可爱的女孩。”

——对一位不化妆的女孩说：“我从来不喜欢那些化妆化得很浓的女孩，你瞧那样多俗气！”

——对一位爱化妆的女孩就有必要改变方式：“会化妆就是不一样，看来你的审美情趣挺不一般。你一定学过美容吧？”

2. 赞美女性的细腻和善解人意

女人凭借其细腻的直觉就可以了解男人的心理活动，这使她们对男人深层的，有时是难以觉察的需要做出及时准确的反应。善解人意是女人征服男人的技巧与本能，它使男人感到一种呵护与温暖。当一位女性为你端上一杯热水时，你千万别忘了拍她一下：“您真善解人意！”下面是一些例子：

——对一个爱哭的女孩说：“你像林黛玉一样多愁善感。你肯定是一个善良温柔的女孩。”

——对一个不爱哭的女孩说：“你一定非常坚强。我看你办事非常有主见，从不像别的女性那样婆婆妈妈。”

——对一个爱干净的女孩说：“真是女人味十足。看，多讲究！将来一定是一个好的家庭主妇。”

——对一个孝顺的女孩说：“我的母亲总是夸奖你。我的姐姐也和你一样。”

3. 赞美女性的工作能力和事业心

现代社会，女性参与的意识越来越强。而且，通过我们的调查发现，

愈是相貌平平的女性，在这方面的要求愈是强烈。有很多女性尽管长相一般，但是其魅力并不亚于那些漂亮的姑娘，因此我们要看准她的能力。有的女性很有事业心，她们从来不愿意为男人活着，你夸奖她的工作能力、审美水平、学识修养都能打动她的芳心。

下面是一些例子：

——对一个会做饭的女性说："谁和你交朋友，算谁有福气。什么都会，而且工作也是好样的。"

——对一位刚刚和上司提过意见的女性说："你的意见是我们大家的意见。我很欣赏你的勇气。"

——对一位从不愿意做出头鸟的女性说："我真佩服你的处世方式，沉稳得很，别看你这么年轻，但是做事却有条不紊。"

——对一位学历不高的女孩说："我虽然不完全赞成'女子无才便是德'，但是我总觉得女孩有个中专学历就足够了。别看中专学历，你的才能并不比有些靠死读书读出来的差。"

这样，你很能满足她们的虚荣心。

美丽、可爱、魅力等有关容貌的赞美，对女性而言非常敏感。虽只是表面的称赞，对方也会觉得有一丝丝的喜悦。然而赞美本来就不简单，尤其是赞美女性更难。在她情绪不好时，你的一句"小赵，你今天特别漂亮！"也会让她觉得"那么以前我天天都不漂亮？"赞美是出自内心的喜欢与欣赏，并非逢迎或违心阿谀。因此真心的赞美，除了外在的称赞之外，不妨赞美她的内在美。

你如果对一个女性说："你的眼睛像星星那样明亮，像泉水那般的清澈。"不如说："你的举止高雅，谈吐中肯。对了，你都如何进修充实自己呢？"这种赞美会使对方更为喜悦。

赞扬是最好的激励方式

如果领导者能够充分的运用赞扬来表达自己对下属的关心和信任，就能有效地提高下属的工作效率。然而，并非每个领导者都懂得赞扬下属。有些领导者虽然知道赞扬下属的重要性，却没有掌握赞扬的技巧，有时甚至弄巧成拙。

1. 让赞扬更具隐蔽性

当面赞扬下属并非是最好的方法，这有时会让下属怀疑领导者赞扬的动机和目的。比如下属可能会想“是不是自己做错了什么，他在安慰我，在为我打气”。增加赞扬的隐蔽性，让不相干的“第三方”将领导者的赞扬传递到下属那里，可能会收到更好的效果。领导者可以在与其他人交谈时，不经意地赞扬自己的下属。当下属从别人那里听到了上级对他的赞扬，会感到更加的真实和可信。

2. 赞扬具体的事情

赞扬下属具体的工作，要比笼统地赞扬他的能力更加有效。首先，被赞扬的下属会清楚是因为什么事情使自己得到了赞扬，会由于领导者的赞扬而把这件事做得更好。其次，不会使其他下属产生嫉妒的心理。如果其他的下属不知道这位下属被赞扬的具体原因，会觉得自己得到了不公平的待遇，甚至会产生抱怨。赞扬具体的事情，会使其他下属以这件事情为榜样，努力做好自己的工作。

3. 赞扬应发自内心

不要为了赞扬而赞扬，赞扬应该发自内心。如果下属感觉到领导者是在故意赞扬，有可能会产生逆反心理，甚至会认为领导者是虚伪的。另外，赞扬也不应该在布置工作任务时进行，这样也会让下属感觉领导者的赞扬并非发自内心。

4. 赞扬工作结果，而非工作过程

当一件工作彻底结束之后，领导者可以对这件工作的完成情况进行赞扬。但是，如果一件工作还没有完成，仅仅是你对下属的工作态度或工作方式感到满意就进行赞扬，可能不会收到很好的效果。这种基于工作过程的赞扬，会增加下属的压力，他会想："如果不能很好地完成任务怎么办？那该让管理者多么失望和没有面子。"如果下属长期处在这种心理压力之下，久而久之会对领导者的赞扬产生条件反射式的反感。看来，这种赞扬很可能会成为领导者对下属的"折磨"。

5. 赞扬特性，而非共性

赞扬一位下属，一定要注意赞扬这位下属所独自具有的那部分特性。

如果领导者赞扬的是所有下属都具有的能力或都完成的事情，这种赞扬会让被赞扬的下属感到不自在，也会引起其他下属的强烈反感。

夸人夸到点上

图书出版界的名人培特兰，有一次到华盛顿出席一项会议，准备拥护一条对出版界很有影响力的议案，可当时他处在一个极为不利的地位上。

事前法律顾问分析说，许多有权势的人企图阻止这项草案的通过，就连国会领袖对这项草案也表示反对，可结果培特兰借着国会议长柯培的力量大获全胜。

他是怎么做到的呢？原来会谈一开始，培特兰便对柯培做事的公正与学识的渊博大加赞赏。使得柯培心里很受用。恰当的颂扬，是最有效的方法。它可以满足别人的自尊需求，获得别人心甘情愿的协助。

心理学的研究表明，人性都有一个显著的弱点，几乎每个人都喜欢接受他人的赞美。恰当的赞美也是激励上司的好方法，可以赢得上司的好感，缩短与上司的距离。日本的一位智者说过，对你的上司也有激发动机的必要。因为上司也是平常人，他们也愿意得到别人的支持与鼓励。

当上司遇到困难时，应当给他以激励；当上司工作有业绩时，应当向他由衷地表示祝贺。赞扬上司某个优点，意味着肯定这个优点。上司也需要从别人的评价中认识自己的成就及在属下心目中的位置，而对称赞者喜爱有加。

怎样赞美上司才能得到理想的效果呢？下面的两点建议可供借鉴：

1. 选择上司最引人注目的特点加以赞赏

我们要适当地赞美别人的优点长处。这种赞美必须是诚心的，而不是为了阿谀逢迎而故意夸大的虚假的赞美。交友时，说话如果能很好地动用这一条，对于双方的和谐大有裨益。

《论语》上说:“人告之以过则喜。”实际上，这恐怕只有孔子等大圣人才有如此雅量，一般情况下，普通人都不可能做到这一点。大家常说“良药苦口利于病，忠言逆耳利于行”，但真正能听得进逆耳忠言的人却并不多。所以说话时应当灵活，不妨适当说些恭维话。

或许，大家都以为恭维人乃是小人所为，大丈夫光明磊落，行正身直。事实上，我们都应该清楚一个道理，正如鸦片会使人丧命，是因为贩毒者利用了它，而在药店里，鸦片则又可成为很好的麻醉剂和镇定剂，可以用它来解除病人的痛苦。明白了这个道理，我们就应该承认，恭维作为一种说话的方式，我们有权使用，而且如果我们用得恰当，会取得意想不到的效果。

恭维要注意对象和内容，任何人都在心底有一种希望，年轻人的希望是他自己，老年人则把希望寄托在年轻人身上。年轻人当然希望自己前途无量，宏图大展，所以恭维时便须点出几条，证明他是有潜力的。而老年人自知年老力衰，一切都已成为过去，所谓“好汉不提当年勇”，他们只希望后辈人能超过自己，闯出更好的前程。

对于不同职业不同文化程度的人，恭维也应有所区别。对待商人，如果恭维他才高八斗、学富五车显然不行；而对文化人说他如何财源广进、财运亨通更是不妥；对于官吏，你若说他生财有道，他定以为你是骂他贪污受贿，搜刮百姓。因此要注意区别上司的年龄、文化程度、职业等等，同时也还要注意掌握好恭维的分寸。

2. 在上司不在场时极力称赞他

当着上司的面直接予以夸赞，虽然也是种奉承上司的方法，但很容易招致周围同事的轻蔑、敌视。而且，这种正面式的歌功颂德所产生的效果反而很小，甚至有反效果的危险。

与其如此，倒不如在上司不在场时，将他大力地吹捧一番。这些赞美终有一天还是会传到上司耳中的。同样地，如果你说的是一些批评中伤的话，迟早也都会被传出去的。

下班后相邀去喝酒应酬的，不见得全是同一部门的同事或朋友，这种情况下的言论，也很容易被扩大渲染而传到上司的情报网。

因此我们无妨也利用这些“网”，让赞美的言词流传出去。

人各有所长，要针对上司的长处、优点大加吹擂。若有人对此不表赞同甚至发出批评上司的言论时，我们毋须为此争辩，只要说对上司的赞美是个人的主观吧！对其他部门的人，不管是谁，也请不要忘记赞美他们。一件西装、一条领带，甚至心情好等等，都可以作为赞美的对象。不过，这些赞美应该在私底下用亲切而文静的语气表达，如果您是在大庭广众面前大声叫喊，那可能会导致相当恶劣的反效果。

自己的下属在其他部门是否受欢迎，这也是上司很在意的事情。自己的部下很得人缘，上司也会觉得自己很有光彩。如果又知道那位部下在其他部门中不遗余力地称赞他，不用说，上司对这种部下的好感度会直线地上升。

而且和不同部门的人在一起，彼此比较没有警戒心，较容易得到一些“幕后消息”。这种情报，往往对上司是非常有价值的。经常收集这种情报给上司，也是一种博取上司欢心的好方法。

在顾客处也要赞扬上司。到客户的公司，理所当然要向对方的高级主管或负责人多加赞赏，大力吹捧一番。

第五章 拒绝别人，注意技巧

有时候，面对别的请托，能办的自然不能推托，可是实在办不了的，我们仍然会感觉左右为难：不答应吧，不仅面子上下不来，还怕对方误会，担心彼此的关系因此受到损害；答应吧，到时候做不到岂不是耽误了别人正事？届时对方铁定要生气，再想解释，恐怕对方嘴上不说，心里也会嘀咕：早怎么不说？肯定是没把我的事放在心上！这一误会，亲戚朋友还怎么交往得下去？

所以，我们一定要学会拒绝，这样不仅可以节省彼此大量的时间、精力，也不会再给了对方希望之后再令其失望，对彼此关系造成更大的伤害，更可以避免许多不必要的误会和麻烦。

虽说，只要我们舍得放下自己的面子，言词委婉一些，说“不”并不太难。可关键在于：什么情况下应该拒绝别人？又如何能在拒绝别人的同时不会伤及对方的情面和双方关系？不管你如何委婉，别人硬是死缠烂打怎么办？这里面所涉及的时机控制和技巧掌握就非常多了。

礼貌拒绝，不伤面子

对中国人来讲，拒绝是件十分困难的事，因为中国人崇尚和谐与团结，而拒绝对方则会导致对和谐与团结一定程度的破坏。因此，在汉语里，拒绝被视为具有面子威胁的特殊言语行为。但拒绝是一种普遍存在的社会现象，在许多场合，又是不可避免的。那么，在表示拒绝时，怎样既考虑到自己又顾及到他人的面子呢？

首先要分清拒绝的对象：是拒绝要求，拒绝请求和帮助，还是拒绝求助。要注意的是要求和求助是两个不同的概念，后者隐含着互惠和欠人情，而前者却没有这样的含义。因此，要求并不像请别人帮忙那样会导致受损。但是，都要尽量考虑到接受者和发出者的面子。

另外，拒绝邀请和帮助与以上谈到的两种情况不同。邀请和提供帮助一般情况下会给接受者到来好处，同时，拒绝邀请和帮助也会威胁到双方的面子。如果拒绝的方式不得体，双方都会感到尴尬。

由此可见不管是什么样的拒绝，都应考虑到礼貌与面子。有些情况下，我们会由于某些特定的原因不得不拒绝别人。但不管拒绝是以怎样的礼貌形式表现出来，它都是一种威胁到面子的行为。因此，我们应该在不违反自己做人准则的情况下尽量帮助他人。这么说并不代表没有必要在拒绝时使用礼貌的表达方式。下面我们就如何礼貌拒绝他人这一问题进行分析和总结，力求在尽可能小地伤害他人面子的同时，礼貌拒绝对方。

方法一：道歉。

例一　A：明天我们一起去看电影吧。

　　　B：不好意思，估计不行。明天我有课。

例二　A：能否帮我递一下那本书。

　　　B：对不起，我的手湿着呢。

从上面两个例子我们可以看出，这种方法是通过表达歉意来拒绝对方，同时一般也会给出简单的解释和理由。作为客观原因，大都会被人接受，因而比较委婉。

方法二：提供别的方法。

当不能满足对方提出的要求或请求，我们可以提供另一个可能性的选择来代替直接拒绝，使被拒绝者更容易接受，从而达到保全双方面子的目的。

例如　A：你好，可不可以用一下你的钢笔？

　　　B：油笔行吗？

方法三：表达感谢。

这种方法通常在拒绝邀请和帮助时使用，会显得礼貌而又得体。

例一　A：我来帮你搬东西吧。

　　　B：谢谢，不用了。

例二　A：明天我请你去吃西餐。

　　　B：太好了！非常感谢，可是明天我恐怕没时间。

方法四：给出承诺。

例如　A：我想用一下你的笔记本电脑。

　　　B：我下周一定借给你，如果你不急的话。

这种方法显然是一种委婉的拒绝，但同时也留有余地供对方考虑，达到礼貌拒绝的目的。

方法五：巧妙使用身势语和副语言。

有时候用语言难以拒绝时，我们可以采用沉默或者语言之外的动作、眼神、表情等来表达拒绝。如：摇头、咬嘴唇、耸肩、摆手等等。

以上几种拒绝的方法我们也可以结合起来使用，以便达到更好的效果。比如我们在使用感谢拒绝时也可以给出理由，同时加上肢体语言。

例如　A：再吃一块西瓜吧。

　　　B：谢谢，我已经吃饱了。(加上摆手的动作)

总之，不管用哪种方法表示拒绝，拒绝者都要认真听对方所说的话，从实际情况出发，真诚的表达拒绝。只有这样，才能使被拒绝者感受到尊重与重视，使双方都不感到尴尬。

婉拒领导委托的某些事

领导委托你做某事时，你要善加考虑，这件事自己是否能胜任？是否不违背自己的良心？然后再做决定。

如果只是为了一时的情面，即使是无法做到的事也接受下来，这种人的心似乎太软。纵使是很照顾自己的领导委托你办事，但自觉实在是做不到，你就应很明确地表明态度，说：“对不起！我不能接受。”这才是真正有勇气的人。否则，你就会误大事。

如果你认为这是领导拜托你的事不便拒绝或因拒绝了领导会不悦，从而接受下来，那么，此后你的处境就会很艰难。这种因畏惧领导而勉强答应，答应后又感到懊悔时，就太迟了。

假使领导欲强迫你接受无理的难题，这种领导便不可靠，你更不能接受。

尽管部下隶属于领导，但部下也有他独立的人格，不能不分善恶是非都服从。倘若你的领导以往曾帮过你很多忙，而今他要委托你做无理或不恰当的事，你更应该毅然地拒绝，这对领导来说是好事，对自己也是负责的。

此外，限于能力，无论如何努力都做不到的事，也应拒绝。但是这有一个前提，即是否真的做不到，应该仔细地衡量一下，切不可因怀有恐惧心而不敢接受。经过多方考虑，提出各种方案后，是否可以突破它，都需要考虑清楚。考虑后，认定实在无法做到，始可拒绝。

当然，拒绝更要讲究方法，采用什么办法才能让上司接受，这里面也是很有学问的。

1. 委婉说“不”

当领导提出一件让你难以做到的事时，如果你直言答复做不到时，你不妨说出一件与此类似的事情，让领导自觉问题的难度，而自动放弃这个要求。以下就是一个例子。

甘罗的爷爷是秦朝的宰相。有一天，甘罗看见爷爷在后花园走来走去，不停地唉声叹气。

“爷爷，您碰到什么难事了？”甘罗问。

“唉，孩子呀，大王不知听了谁的挑唆，硬要吃公鸡下的蛋，命令满朝文武想法去找，要是三天内找不到，大家都得受罚。”

“秦王太不讲理了。”甘罗气呼呼地说，他转而一想，想出了一个主意，又说：“不过，爷爷您别急，我有办法，明天我替你上朝好了。”

第二天早上，甘罗真的替爷爷上朝了。他不慌不忙地走进宫殿，向秦王施礼。

秦王很不高兴，说："小娃娃到这里捣什么乱！你爷爷呢？"

甘罗说："大王，我爷爷今天来不了啦。他正在家生孩子呢，托我替他上朝来了。"

秦王听了哈哈大笑："你这孩子，怎么胡言乱语！男人家哪能生孩子？"

甘罗说："既然大王知道男人不能生孩子，那公鸡怎么能下蛋呢？"

甘罗的爷爷作为秦朝的宰相，遇到了皇帝提出的不可能做到的请求，却又找不到合适的办法拒绝。甘罗作为一个孩童，能如此得体地拒绝秦王，并让秦王不得不放弃自己的无理请求，实在是大出人们的预料。也正因为如此，秦王才有"孺子之智，大于其身"的叹服。之后，秦王又封甘罗为上卿。现在我们俗传甘罗十二岁为丞相，童年便取高位，不能不说正是甘罗那次智慧的拒绝，才使秦王越来越看重他的。

2. 佯装尽力，不了了之

当上司提出某种要求而属下又无法满足时，设法造成属下已尽全力的错觉，让上司自动放弃其要求，也是一种好方法。

比如，当上司提出不能满足的要求后，就可采取下列步骤先答复："您的意见我懂了，请放心，我保证全力以赴去做。"过几天，再汇报："这几天×××因急事出差，等下星期回来，我再立即报告他。"又过几天，再告诉上司："您的要求我已转告×××了，他答应在公司会议上认真地讨论。"尽管事情最后不了了之，但你也会给上司留下好感，因为你已造成"尽力而为"的假象，上司也就不会再怪罪你了。

通常情况下，人们对自己提出的要求，总是念念不忘，但如果长时间得不到回音，就会认为对方不重视自己的问题，反感、不满由此而生。

相反，即使不能满足上司的要求，只要能做出些样子，对方也不会抱怨，甚至会对你心存感激，主动撤回已让你为难的要求。

3. 利用集团掩饰自己说“不”

例如，你被上司要求做某一件事时，其实很想拒绝，可是又说不出来，这时候，你不妨拜托其他二位同事或朋友，和你一起到上司那里去，这并非所谓的三人战术，而是依靠集团替你作掩护来说“不”。

首先，商量好谁是赞成的那一方，谁是反对的那一方，然后在上司面前争论。等到争论过一会儿后，你再出面说：“原来如此，那可能太牵强了。”而靠向反对的那一方。

这样一来，你可以不必直接向上司说“不”，就能表明自己的态度。

这种方法会给人“你们是经过激烈讨论后，绞尽脑汁才下结论”的印象，而包含上司在内的全体人士，都不会有哪一方受到伤害的感觉，从而上司会很自然地自动放弃对你的命令。

既不陷于被动，又不伤及对方自尊

在与他人交往的过程中，我们总会遇到一些为难的事情，有人邀请你，可邀请的因由或地点对你来说却不合适，有时人之所求对你来说实在是无能为力的。此时，就要拒绝对方。拒绝的结果往往有两种：一是双方不欢而散，甚至因此而生隙；二是皆大欢喜，成为深交的契机。生活中不值得交往的无赖毕竟是少数，所以，要尽量使自己既不陷于被动，又不伤害对方的自尊，这就要求我们必须学会拒绝。至少应把握这样几点原则：

1. 诚恳、灵活

如果对方的邀请或馈赠是出于诚意，而在权衡利弊之后，你决定不接受，那你就应当诚恳地向对方解释不能接受的理由，以免对方由于你的拒绝而抱怨或误解。或者视对方情况采取一点灵活的方式也未尝不可。

2. 寻找恰当的借口

有时要拒绝对方的某一要求而又不便说明原因，也不便向对方多说什么道理，你不妨寻找某个恰当的借口，以正当的、不至于被对方责怪的理由来回避对方的要求，从而使对方放弃努力。因此，借口要符合客观实际，最起码要能自圆其说，令人相信；表达时态度应诚恳，不能装腔作势，忸怩作态。

3. 转移对方的注意力

心理学研究表明，当人的注意力专一时，如果另有一种新的刺激参与，那么人的注意力就很容易转移到这种新的刺激上去。在社交中碰到对方提出自己一时难以答复的问题或难以满足的要求时，我们不妨用“转移注意力”的办法，把对方吸引到另一件你可以办到的事情上去，既能使自己摆脱困境，又能满足对方，使其不会因你没能解决那个难以解决的问题而怪你。

4. 巧妙地表达出“不”的意思

(1) 用沉默表示“不”。当别人问你:“你喜欢小李吗?”你心里并不喜欢，这时，你可以不表态，或者一笑置之，别人即会明白。一位不大熟识的朋友邀请你参加晚会，送来请帖，你可以不予回复。它本身表明，你不愿参加这样的活动。

(2) 用拖延表示“不”。一位女友想和你约会。她在电话里问你:“今天晚上8点钟去跳舞，好吗?”你可以回答:“改天再约吧！方便的时候我给你去电话。”你的同事或朋友约你星期天去钓鱼，你不想去，可以这样回

答:“其实我是个钓鱼迷，可自从成了家，星期天就脱不开身了。”

(3) 用推脱表示“不”。一位客人请求你替他换个房间，你可以说:“对不起，这得值班经理决定，他现在不在。”有人想找你谈话，你看看表:“对不起，我还要参加一个会，改天行吗?”

(4) 用回避表示“不”。你和朋友去看了一部拙劣的武打片，出影院后，朋友问:“你觉得这部片子怎么样?”你可以回答:“我更喜欢抒情点的片子。”

(5) 用反诘表示“不”。你和别人一起谈论国家大事。当对方问:“你是否认为物价增长过快?”你可以回答:“那么你认为增长太慢了吗?”你的恋人问:“你喜欢我吗?”你可以回答:“你认为我喜欢你吗?”

(6) 用客气表示“不”。当别人送礼品给你，而你又不能接受的情况下，你可以客气地回绝。一是说客气话；二是表示受宠若惊，不敢领受；三是强调对方留着它会有更多的用途等。

(7) 用外交辞令说“不”。外交官们在遇到他们不想回答或不愿回答的问题时，总是用一句话来搪塞:“无可奉告。”生活中，当我们暂时无法说“是与不是”时，也可用这句话。还有一些话可以用作搪塞:“天知道。”“事实会告诉你的。”“这个嘛，很难说。”等等。当我们羞于说“不”的时候，请恰当地运用上述方法吧。但是，在处理重大事务时，来不得半点含糊，应当明确说“不”。

(8) 用幽默表示“不”。海明威住在美国爱达荷州时，适逢这个州竞选的议员知道海明威很有声望，想请海明威替他写一篇颂扬文章，帮他多拉几张选票。当他见到海明威，把要求提出来后，海明威一口答应翌日派人送去。第二天清早，议员果然收到海明威送来的一封信，打开一看，里面装的是海明威太太过去写给他的一封情书。议员当时以为海明威匆忙之中弄错了，便把原件退回，顺便又写了一张便条，请海明威帮忙。

不一会儿，议员又收到海明威送来的第二封信，拆开一看，竟是一张遗嘱，于是他就亲自到海明威家询问情况。海明威无可奈何地说：“我真的拿不出什么东西给你，只有这两样。您是要情书呢？还是要遗嘱呢？”海明威极富幽默地拒绝了那位议员的要求，同时也讽刺了议员为了升官不择手段的丑恶嘴脸。

巩固拒绝的成果，预防对方反驳

拒绝别人并不是很难的事，只要你能够善于观察对方心理，并能灵活运用各种拒绝方法，就能顺利地拒绝别人，而且还不会损及彼此的感情。但是，并不是说把“不”的意思表达出来，拒绝别人的工作就完成了。其实，完成了这一步，拒绝别人的工作只完成了一半，更重要的还是看你如何能够巩固这种拒绝的成果，从而达到彻底地拒绝对方的目的。因此这就需要我们预防别人对我们的拒绝进行反驳，即不给对方反驳拒绝我们的机会，使我们的拒绝贯彻到底。

1. 要有坚定的信念，了解对方

要想预防别人对我们的拒绝进行反驳，首先就要求拒绝者自己要有坚定的信念，无论对方如何反驳，自己也绝不动摇。

预防反驳，存在于拒绝对方的全过程，包括拒绝前、拒绝中和拒绝后三个阶段，这三个阶段是紧密联系的，任何一个环节出现差错，都会给对方以可乘之机，影响拒绝的效果。

首先，拒绝前要充分地了解对方，制定适当可行的策略。

在社会交往中，能够取得成功的前提，就是要善于了解对方，善于察颜观色，做到心中有数。所谓察颜观色，就是说要仔细观察对方的言谈、举止、神情等，由此洞察出他的心理活动。心有所思，口有所言，通过语言这个窗口，可以窥测人的内心世界。人的举止、神情等，往往是思想意识的自然流露，通过它们有时甚至可以捕捉到比语言更真实微妙的思想。

例如，从言谈来观察对方的性格特征和内心活动，就会发现这样的规律：偏激的言辞，大抵是对方受某种观点蒙蔽，一时难以转弯；而用夸大失真之词来维护自己的主张，则表明他受这种思想的强烈支配；说话不集中，东一榔头，西一棒子，显然是表明此人没有一个坚定的主张；说谎的人，总是言语转移不定，含糊其辞。至于举止神情，一般的我们都很清楚，如愤怒时，横眉立目；紧张时，双手揉搓；思索时，用手指轻敲桌面；不安时，眼珠左右躲闪等等。另外，我们还应该特别注意每个人的习惯动作所表示的特殊含义，这样对我们准确把握一个人的思想活动很有好处。而且，每一种语言或举止神情所表达的意思也并不是固定不变的，在不同场合都要具体分析，这就需要我们在社交实践中认真把握，逐步积累经验。

对你所要拒绝的人，有了一个比较准确的认识，就为你成功地拒绝提供了良好的前提。你便可以根据你所掌握的对方情况，采取不同的手段，实施自己的拒绝行为。

2. 在拒绝中要保证语言的严密逻辑性和拒绝理由的充分性

但凡你在拒绝别人的时候，对方无论如何也要找出一些理由来反驳你，很少能轻易地便接受你的拒绝。因此我们在拒绝别人的时候就应该时刻警惕，注意自己语言的逻辑性，随时避免给对方提供反驳自己的机会。

比如一些口才好的人，就经常使用一种让对方多说“是”的“劝诱法”，慢慢诱导对方，逐渐使对方同意自己的观点，使其就范。其方法就是：在与人论辩时，开始时并不讨论分歧的观点，而是提出一系列无关紧要的问题，诱导对方连连说“是”，同时着重强调彼此共同的观点，取得完全一致后，自然而然地转向自己的主张。这种方法，是交际老手们常用的方法，他们往往使你在不知不觉中就放弃了自己的拒绝，而转为与他的观点趋同。因此，在拒绝别人时，对别人的提问尽量避免说出“是”来。

同时，我们还应该努力运用严密的逻辑方式，对他人的反驳再次提出反驳，从而巩固自己的拒绝成果。进攻是一种积极的防御，与其时刻警惕，小心谨慎地预防别人的反驳，还不如主动出击，把对方的反驳打下去。

再有就是要有充足的理由，作为自己拒绝对方的根据，使对方真正做到心服口服，从而自觉放弃对自己的反驳。只要你的理由真实，语言诚恳，对方一般都不会再对你的拒绝进行反驳。比如，有一位记者去采访一位知名学者。由于是突然采访，这位学者对采访问题没有任何准备，而且恰巧此时电视里正在转播一场精彩的足球赛。于是他便对记者抱歉地说：“我是个老球迷，现在和你谈话会心不在焉的；另外，由于你事前也没有打个招呼，我对你提出的问题没有充分准备，即使现在跟你谈，也只能说些皮毛的东西，对你也是不尊重。所以我建议你下次再来，利用充分的时间，咱们认真踏实地谈一谈，你看怎样？”记者虽然没有完成他所希望的采访，但听了学者一番诚挚的话语，他还是心满意足地回去了。

3. 在拒绝对方之后，最好再说上几句补救的话

无论是基于什么原因，自己的要求被别人所拒绝，都不是令人愉快的事，因此总想找些理由来反驳你的拒绝。如果你在拒绝对方时，考虑到这点，就应该在拒绝之后对他说些补救的话，使对方在心理上得到平衡，本来想反驳你的，现在也不好意思了。

比如，你的一位同事或朋友请你去看电影，而你正好有许多事要做，你便可以这样对他说:“真是对不起，我今天确实很忙，实在不能陪你。你看改天如何?”这里的“你看改天如何?”就是对前面拒绝的一种补救。如果你单单地对别人的请求无情地说“不”，恐怕对方很难接受，但你在拒绝之后加上诸如“改天如何”、“看看是否有别的方法”等等补救的话语，那么对方心理上也就容易接受些了；再有你还可在别人已基本上接受了你的拒绝时，再加上如“你真是太通情达理了”、“你真是太善解人意了”之类的话，相信对方刚刚还充满不快的脸上，马上就会浮现出一丝笑意来。

第六章　说话亲切，委婉批评

没有人喜欢被批评，但大多数人能接受建设性的批评。可也有些人对任何批评都耿耿于怀，不论在什么时候，即使你对他们的工作给予最轻微的批评，他们都会面露不悦之色，采取自卫的态度。

跟这样的人一定要亲切和善，批评要讲策略，要委婉——给你的批评包上一层糖衣，不至于苦得让人无法下咽。

先扬后抑

有一次，卡耐基请一位室内设计师为他家布置窗帘。当账单送来时，他大吃一惊。

过了几天，一位朋友来看他，看到了那些窗帘并问起价钱，而后面有难色地说:“太过分了。我看他占了你的便宜。”她说的是实话，可是没有人肯听别人羞辱自己判断力的实话。因此，身为一个普通人，卡耐基开始为自己辩护。他说贵的东西终究有贵的价值，你不可能以便宜的价钱买到高品质又有艺术品味的东西等等。

第二天，另一位朋友也来拜访，开始赞扬那些窗帘，表现得很热心，说希望自己家里也能买得起那些精美的窗帘。

这时卡耐基的反应完全不一样了。“说句老实话，”他说，“我自己也负担不起。我付的价钱太高了，我后悔买了它们。”当我们错的时候，也许会对自己承认。而如果对方处理得很巧妙而且和善可亲，我们也会对别人承认，甚至以自己的坦白率直而自豪。但如果有人想把难以下咽的事实硬塞进我们的食道，其结果是可想而知的。

如果想让对方接受你的观点或想法，则必须先让对方能够静心倾听你的想法。如果对方连听都没有听进去，又何谈接受不接受呢？而要对方倾听，则不可使对方产生反感。

谈话时采取先扬后抑的办法往往会收到理想的效果。说话时要注意真诚地赞美对方的优点长处，使对方心情愉悦，拉近双方的距离，消除隔阂，然后再一步步地将自己的想法和盘托出，这样用话语巧妙地引领对方一层层地听清你要说的话，而不至于没听几句便火冒三丈，不欢而散。

“三明治”式批评

欧美一些企业家主张使用“三明治”式的批评方法，即在批评别人时，先找出对方的长处赞美一番，然后再提出批评，而且力图使谈话在友好的气氛中结束，同时再使用一些赞扬的词语。这种两头赞扬、中间批评的方式，很像三明治这种中间夹馅儿的食品，故以此为名。

用这种方式处理问题，对方可能不会太难为情，减少了因被激怒而引起冲突的机率。这种方法在很多情况下是比较有效的，其优点就在于由批评者讲对方的长处，起到了替对方辩护的作用。对方的能力、为人、工作是否努力等方面，有很多可以肯定的地方，如果批评者视而不见，对方可能会觉得不公平，认为自己多方面的成绩或长期的努力没有得到应有的重视，而一次失误就被抓住，大概是对方专门和自己作对。而批评者首先赞扬对方，就是避免对方误会，表明领导对其工作的认可，使他知道批评是对具体事而不是对人的，自然也就放弃了用辩解来维护自尊心的做法。当我们听到别人对我们的某些长处表示赞赏之后，再听到批评意见，心里往往会好受得多。

美国麦金尼 1896 年竞选总统时，也曾采用过这种方法。那时，共和党有一位重要人物替麦金尼写了一篇竞选演说，他自以为写得高明，便大声地念给麦金尼听，语调铿锵，声情并茂。可是，麦金尼听后却觉得有些观点很不妥当，可能会引起批评。显然，这篇讲稿不能用。但是，麦金尼把这件事处理得十分巧妙。他说:“我的朋友，这是一篇精彩而有力的演说。我听了很兴奋。在许多场合中，这些话都可以说是完全正确的，不过用在目前这种特殊的场合，是不是也很合适呢？我不能不以党的观点来考虑它将带来的影响。请你根据我的提示再写一篇演说稿吧，然后送给我一份副本，怎么样?”那位重要人物立刻照办了。此后，这个人成了一名出色的演说家。

有的领导认为先说赞扬的话，再批评，带有操纵人的意味，用意过于明显，所以不喜欢用。这种说法也有一定道理，因为当你找到某人就表扬他，他根本听不进你的表扬，他只是想知道，另一棒会在什么时候打下来——表扬之后有什么坏消息降临，所以在更多的时候，许多领导把表扬放在批评之后。当我们用表扬结束批评时，人们考虑的将是自己的行为，而不是你的态度。以下是正确、错误的两种说法：

正确:“我相信你会从中得到窍门——只要坚持试一试。”

错误:“你最好马上就改进，要不然就别干了。”

在批评结束时对下属表示鼓励，让他把对这次批评的回忆当成是促使其上进的力量，而不是一次意外的打击。此外，还应该让对方知道，虽然他屡次在某件事上处理失当，然而你却尊重他的人格。为了把你的尊重传达给对方，适度的赞美和工作上的认同是必要的，否则光是针对对方的某项缺失提出批评，容易让对方感到不受尊重，因而心怀不平。

许多成功的管理者在批评下属的时候都注意采用“三明治”式的批评方法。

例如，某人进入一家公司服务，这家公司是由个人承包的企业，承包人是一位脾气暴躁的经理。他在批评下级的时候，常常是声色俱厉，毫不留情，令下级简直无地自容。但是，批评到最后，他的表情突然来了个180度的大转弯，和颜悦色地说:“你到底是怎样弄成这个局面的?”下级立刻感到无比温暖。

这位经理真是把批评的艺术掌握到了炉火纯青的地步。他虽然要求很严格，但是很得下级的敬重，这是因为他懂得一张一弛、相得益彰的道理。

日本著名企业家松下幸之助就很精通这种方法。

有一次，部下后藤犯下一个大错。松下怒火冲天，一面用挑火棒敲着地板，一面严厉责骂后藤。

骂完之后松下注视挑火棒说:“你看，我骂得多么激动，居然把挑火棒都扭弯了，你能不能帮我把它弄直?”这是一句多么绝妙的请求。后藤自然是遵命，三下五除二就把它弄直，挑火棒恢复了原状。

松下说:“咦?你手可真巧呵!”随之,松下脸上立刻绽开了亲切可人的微笑,高高兴兴地赞美着后藤。

至此,后藤一肚子的反抗心立刻烟消云散了。更令后藤吃惊的是,他一回到家,竟然看到了太太准备了丰盛的酒菜等他。

“这是怎么回事?”后藤问。

“哦,松下先生刚来过电话说:‘你家老公今天回家的时候,心情一定非常恶劣,你最好准备些好吃的让他解解闷吧。’”不用赘述,此后,后藤自然是干劲十足地工作了。

看破点破不说破

为了帮助别人发现错误以便及时改正,我们总是乐于给对方一些善意的提醒。但是,一定要注意方法,对于别人的错误,大可不必完全说破,相信只要稍加提点对方自然会明白。

批评是一门很深的学问,也是一门语言的艺术。批评者要让被批评者心悦诚服地接受,达到批评的目的,同时又不伤到被批评者的自尊心。批评的目的是要让犯了错的人认识到自己的错误,从而及时改正。批评本身是手段,而非目的,否则,只为提意见而提意见、为批评而批评,则会适得其反。

点破别人时不要明确指出缺点,而要强调如果纠正过来会更好。

某公司老板经常慨叹纠正别人实在难,下属工作上出现问题,稍微提点一下，他们或是置之不理，或是破罐破摔，越变越坏。原来，这位老板仅仅是指出错误加以批评而已。后来这位老板发现，换一种强调改正过来会更好的提点方式，效果就好多了。

优秀的教练在纠正运动员的错误动作时，从来不会说“不对，不对，这样不对”，而是说“动作做得已经不错了，但如果再改进一下结果会更好”。他并非否定选手，而是先给以肯定再帮其改正。也就是说，先满足对方的自尊心，再把要求提出来。如果单纯指出、批评的话，只会突然引起选手的反感，没有任何效果可言。

话一旦说出就无法回头了。话说过了头就会伤到对方，破坏感情。如果不小心说话伤到对方或者对对方不礼貌，最好的做法不是去否定刚才说出来的话，而是要沉着地、若无其事地补充说句：“其实你已做的很好了，这就是我最喜欢你的地方，而且，你有很多优点，犯点小错误也很正常。”给人印象最深刻的话总是最后的结论，附加赞美的话，对方便认为是赞美的，即使你点破了，但最终没有说破，也不会引起尴尬。

有一位中学教师，她对成绩下降的学生说：“实在难以置信，你考这样的分数。”加了“难以置信”，效果就不一样了，给人一种动力，想必那位同学下次成绩一定会提高。倘若只是传达事实的话，效果就不会令人满意。“令人难以置信”之类的附属语言虽然简单，但显示出的却是常人所不具备的机灵。

点破不说破，就是使用一些故意游移其词的手法，给人以暗示和适当的鼓励。比如，在谈及某人相貌丑陋时，不直接说“相貌丑”，而夸人家“纯朴”、“实在”等其他方面的特质来代替。这都是在委婉含蓄地表达事情的本意。

1831 年，歌德看完雨果的剧本《玛丽安·德洛姆》后说：“看完这个剧本，我们只能发现一个优点，那就是作者擅长描写细节，这显然是不小的成就。”这番言论表面上是称赞雨果，其实是指出雨果在细节描绘上花了太多的笔墨，从而使全文不够简练。

点破别人的错误要抱有同情心。这里的同情不是同情他的错误，而是要考虑对方得知错后的心情，只有这样的批评才不会置对方的心理感受于不顾。而且当对方认识到你是站在他的立场上点破他时，自然就会接受你的批评并对你表示感谢。

点破之言应力求简短，最好一两句就能使对方领悟，然后再自然地转到别的话题上。千万不能多次重复，否则就极容易让对方觉得你在紧抓他的错误不放，使对方陷入窘境而产生抵触情绪。

当然，想把话说得滴水不漏，在使用“点破不说破”的语言技巧时，要注意语言不能晦涩难懂。任何语言的表达技巧都是首先建立在让人听懂的基础上，同时必须把握好适用范围，如果使用“点破不说破”的话不分场合，也是达不到最佳效果的。

间接暗示

那些对直接批评会非常愤怒的人，间接地让他们去面对自己的错误，会有非常神奇的效果。玛姬·杰克曾采取这样的方法，使一群懒惰的建筑工人在帮她加盖房子之后把周围清理得干干净净。

最初几天，玛姬·杰克下班回家之后，发现满院子都是锯木屑子。但她没有去跟工人们抗议，因为他们工程做得很好。所以，等工人走了之后，她与孩子们把这些碎木块捡起来，并整整齐齐的堆放在屋角。

次日早晨，她把监工叫到旁边说："我很高兴昨天晚上草地上这么干净，又没有冒犯到邻居。"从那天起，工人每天都把木屑捡起来在一边堆好，监工也每天都来，看看草地的状况。

在生活中掌握这种技巧的人并不少见。据说有一位著名的心理医生，在超市发现一位卖副食的小姐虽然长得十分漂亮，可是对顾客老是板着一副冷冰冰的面孔。这位很有心计的心理医生决定悄悄帮助她克服对人爱理不理的毛病。于是他按照她胸卡上的姓名，写了一封措词热情的感谢信寄给她。信中写道："我是一位退休的医务工作者，每次来到超市看到你的笑容，我就觉得自己的病减轻了不少。愿你的微笑长存，为每一位顾客带来快乐。"这位小姐自从接到这封信后，受暗示的诱导，服务态度大变样，克服了对顾客受理不理的毛病，见人不笑不开口。年终，心理医生到超市来调查，发现这位小姐的照片贴在超市的"光荣榜"上。

当面指责别人，或者不分场合地批评，只会造成对方的顽强反抗，而巧妙地暗示对方注意自己的错误，则会收到颇佳的效果。

反向操纵

不论何人，一旦受到正面批评，就会产生一种逆反心理。手段高明的人善于利用这种心理倾向，轻易操纵顽固的反对者。

美国著名心理学家詹姆斯·鲁滨逊说："人们在没有感受到太多的压力

之下，往往都不会改变自己的想法，但是当被人误解时，就会生气，甚至怀恨在心。事实上，每一个人心里都隐藏着一些动机，而这些动机都含有强烈的信念，如果有人要来改变自己的信念，那他就会在不知不觉中对此人产生反感。”像鲁滨逊所说的，当别人告诉你“不准看”时，你就偏偏要看，这就是一种“逆反心理”。当这种欲望被禁止的程度愈强烈，所产生的抗拒心理也就愈大，所以如果能善加利用这种心理倾向，就可以将顽固的反对者软化，使其固执的态度做 180 度的大转变。当然，也要注意分寸。

如果在批评对方的时候，劈头就说：“你这样做不对。”对方一定会反感地说：“不，我绝对没有错。”但是，如果采取让步的姿态说：“也许我真的也有错”时，对方的“逆反心理”也许就会产生作用，他会说：“不，没那回事，其实我也有错。”

富兰克林曾在自己的自传中提到有关利用“逆反心理”的论述，也就是在批评别人时，首先必须非常稳重地叙述自己的意见，然后附带地说：“这只是我的观念，也许是有错的。”如此一来，对方就会视你所提出的意见如自己的意见一般，甚至当你表现出犹豫不决时，他还会反过来说服你。

区别对待

不同的人由于经历、文化程度、性格特征、年龄等的不同，接受批评的能力和方式有很大的区别。这就根据不同批评对象的不同特点，采取不

同的批评方式。

不同的人对于同一种批评会产生不同的心理反应，因为不同的人在性格与修养方面都是有区别的。

可以根据人们受到批评时不同的反应将人分为迟钝型反应者、敏感型反应者、理智型反应者和强个性型反应者。反应迟钝的人即使受到批评也满不在乎；敏感的人，感情脆弱，脸皮薄，爱面子，受到斥责则难以承受，他们会脸色苍白，神志恍惚，甚至会从此一蹶不振，意志消沉；理智的人在受到批评时会感到有很大的震动，能坦率认错，从中汲取教训；具有较强个性的人，自尊心强，个性突出，遇事好冲动，心胸狭窄，自我保护意识强，明知有错，也死要面子，受不了当面批评。

针对不同特点的人要采用不同的批评方式，对自觉性较高者，应采用启发作自我批评的方法；对于思想比较敏感的人，要采用暗喻批评法；对于性格耿直的人，采取直接批评法；对问题严重、影响较大的人，应采取公开批评法；对思想麻痹的人应采用警示性批评法。在进行批评时忌讳方法单一，死搬硬套，应灵活掌握批评的方法。

正确的批评要求细密周到，恰如其分，普遍性的问题可以当面进行批评，对于个别现象就应个别进行。另外，也可以事先与之谈话，帮他提高认识，启发他进行自我对照，使他产生“矛头不集中于‘我’”的感觉，主动在“大环境”中认错。

有时一些问题一时未搞清，涉及面大或被批评者尚能知理明悟，则批评更要委婉含蓄。先表明自己的态度，让下属从模糊的语言中发现自己的错误。但是，也不能一概而论，对严重的错误应当严厉批评。另外对于执迷不悟者和经常犯错误者，都应作例外处理。要么是他们改正错误，要么是你不用他们。

批评的轻重有度，还要因事而异。一般的小过失，轻描淡写的批评就能解决问题；但比较严重的错误，比较顽固的人和态度，你就要响鼓重捶，否则是难以奏效的。

具体地说，批评以其方式的不同，一般可以分为七类：

一是触动式。触动式批评措辞尖刻，用语激切，适合于依赖性较重、惰性较强的人。

二是渐进式。渐进式批评是一步一步地接近主题，适用对象是自尊心和荣誉感都比较强烈的人。

三是商讨式。商讨式批评的态度较为平缓，不强加于人，而以商量讨论的口气说话，易于被反应快、脾气暴躁的人所接受。

四是提醒式。提醒式批评重在暗示、启发和提醒，适用于性格敏锐、易生疑窦的人。

五是即席式。即席式批评即当时当场的批评，就事论事，适用于不轻易认错的人。

六是参照式。就是借别人的事例来对比，导引出批评的内容，使用的对象是那些知识少而又自大、悟性浅薄的人。

七是提问式。提问式批评以问答的形式展示批评，常用于性格内秀、较有思想的人。

注意禁忌

有的人口齿伶俐，在交际场上口若悬河、滔滔不绝，这固然是不少人所向往的。但是，假若口无遮拦，说错了话，说滑了嘴，也是很难补救的，

故说话应讲究“忌口”。否则，若因言行不慎而让别人下不了台，或把事情搞糟，是不礼貌的，也是不明智的。在批评别人时必须注意以下几个问题：

1. 不要当众揭对方的隐私和错处

有人喜欢当众谈及他人隐私、错处，这样做是非常错误的。心理学研究表明：谁都不愿把自己的错处或隐私在公众面前“曝光”，一旦被人曝光，就会感到难堪而恼怒。因此在交往中，如果不是为了某种特殊需要，一般应尽量避免接触这些敏感区，免得使对方当众出丑。必要时可采用委婉的话，暗示你已知道他的错处或隐私，让他感到有压力而不得不改。知趣的、会权衡的人只须“点到即止”，一般是会使他顾全自己的脸面而悄悄收场的。当面揭短，让对方出了丑，说不定会恼羞成怒，或者干脆耍赖，出现很难堪的局面。至于一些纯属隐私、非原则性的错处，最好的办法是装聋作哑，千万别去追究。

2. 不要故意渲染和张扬对方的失误

在交际场上，人们常会碰到这类情况，讲了一句外行话，念错了一个字，搞错了一个人的名字，被人抢白了两句等等。这种情况下，对方本已十分尴尬，生怕更多的人知道。你如果作为知情者，一般说来，只要这种失误无关大局，就不必大加张扬，故意搞得人人皆知，更不要抱着幸灾乐祸的态度，以为“这下可抓住你的笑柄啦”，来个小题大做，拿人家的失误当做笑料。因为这样做不仅对事情的成功无益，还伤害了对方的自尊心，可能会结下怨敌。同时，也有损于你自己的社交形象，人们会认为你是个刻薄饶舌的人，会对你反感、有戒心，因而敬而远之。所以渲染他人的失误，实在是一件损人而又不利己的事。

3. 说话要看好时机

有的人说话时旁若无人、滔滔不绝，不看别人脸色，不看时机场合，只管满足自己的表现欲，这是修养差的表现。说话应注意对方的反应，不断调整自己的情绪和讲话内容，使谈话更有意思，更为融洽。

第七章　避免争执，淡化矛盾

在工作和交往中，避免和同事或朋友争论，可以节省你的大量时间与精神，使你投入到完善你的观点、实践你观点的工作和有意义的事情中去。你完全没有必要浪费太多的精力去干那种没有结果也毫无意义的事情。少去了面红耳赤的争论，只会使双方相互尊重，从而增进友谊，有利于思想的交流、意见的转换。

尽量少与他人争论

富兰克林在他的自传中说:“口头上的争论不仅无益解决问题，往往还会演变成为争论而争论，让彼此关系变得更坏……赢得了辩论，失去了朋友。”

有一天，几个人突然闯进美国第25任总统威廉·麦金莱的办公室，向他提出一项抗议。为首的一位议员脾气很大，开口就对总统一通咒骂，非常难听。但是，麦金莱却显得异常平静，他知道，现在做任何解释都会导致更激烈的争吵，这对于坚持自己的决定很不利。所以，他一言不发，默默地听这些人叫嚷，任他们去泄尽自己的怒气。直到这些人都说得精疲力尽了，他才用温和的口气问："现在你们觉得好些吗？"那个议员的脸立刻红了，总统平和而略带讥讽的态度，使他觉得自己好像矮了一截，他仿佛觉得自己粗暴的指责根本站不住脚，而总统可能根本就没错。

后来，麦金莱总统开始向他解释自己为什么要做那项决定，为什么不能更改，这位议员并没完全听明白，但他在心理上却已经完全服从总统了。

该议员回去向同伴报告交涉结果时，只是说："伙计们，我忘了总统所说的是些什么了，不过他是对的。"麦金莱总统凭着他的自制力，在心理上打了一个胜仗。

失败人士喜欢仅仅为了争论而争论并喜欢挑起争端，或者使其他人失去心理平衡。那些挑起争端的人也许会想，此刻朋友们和同事会对他们的机敏与智慧留下深刻的印象。没错，但却是坏印象。美国众议院著名发言人萨姆·雷伯说过："如果你想与人融洽相处，那就多多附和别人吧。"他的意思不是说你必须同意别人所说的一切，而是说你不可能一方面无休止地激怒别人，另一方面又指望别人来帮助你。结束了一天工作后的人们不喜欢把时间花费在无休上的争论上。如果此刻你挑起争端，他们会回避你，而你将会发现，你已被其他好争辩的失败者们包围了。

林肯早年因出言尖刻而导致与人决斗。随着年岁渐增，他也日趋成熟，在非原则问题上总是避免和人发生冲突，他曾说："宁可给一条狗让路，也比和它争吵而被它咬一口好。被它咬了一口，即使把狗杀掉，也无济于事。"我们在遇到某些不讲理的人时，如果不争论也无关紧要，不存在大是大非的问题，那么就跟林肯学习，容忍一下算了。

为了避免和同事或朋友争论，大致可以从以下几方面做起：

1. 对不同的意见进行选择

当你与别人的意见始终不能统一的时候，这时就要舍弃其中之一。

人的脑力是有限的，有些方面不可能完全想到，因而别人的意见是从另外一个人的角度提出的，总有些可取之处，或者真的比自己的更好。这时你就应该冷静地思考，或两者互补，或择其善者。如果采取了别人的意见，就应该衷心感谢对方，因为有可能此意见使你避开了一个重大的错误，甚至是奠定你一生成功的基础。

2. 不要轻易相信自己的直觉

每个人都不愿意听到与自己不同的声音。每当别人提出与你不同的意见，你的第一个反应是自卫，为自己的意见进行辩护并去竭力地找根据。其实，完全没有必要。这时你要平心静气地，公平、谨慎地对待两种观点(包括你自己的)，并时刻提防你的直觉（自卫意识）对你做出正确抉择的影响。值得一提的是，有的人脾气不大好，听不得反对意见，一听见就会暴躁起来。这时你就应控制住脾气，让别人陈述自己的观点。不然，气量未免太窄了。

3. 尽量让自己学会倾听

每次对方提出一个不同的观点，不能只听一点就开始发作。要让别人有说话的机会，一是尊重对方，二是让自己更多地了解对方的观点，好判断此观点是否可取，努力建立了解的桥梁，使双方完全理解对方的意思，否则的话，只会增加彼此沟通的障碍和困难，加深双方的误解。

4. 审慎地对待别人的意见

在听完对方的话后，首先想的就是去找你同意的意见，看是否有相同之处。如果对方提出的观点是正确的，应放弃自己的观点，而考虑采取他们的意见。一味地坚持己见，只会使自己处于尴尬境地。因为照此下去，你只会做错。而到那时，给你提意见的人会对你说:“早已给你说了，还那么固执，知道谁是对的了吧!”这时，你该怎么下台？所以为避免出现这种情况，最好是给双方一点时间，把问题考虑清楚，而不要诉诸于争论。建议稍后或第二天再交换意见。这使双方都有充足的时间，把所有事实都考虑进去，尽可能找出最好的方案。这时就应进行一下反思：别人的意见，可不可能是对的？还是有一部分是对的？他们的立场或理由有没有道理？自己的反应到底在减轻问题或只不是过在减轻挫折感而已？……多问一下自己，也许会找到更好的解决办法。

跟人交流要善于求同存异

和人相处，如果总是强调差异，你们就不会相处融洽。强调差异会使人与人之间距离越来越远，甚至最终走向冲突。如果把注意力放在别人和自己的共同点上，与人相处就会容易一些。

要减少差异就要设身处地为别人着想，以达成共识。为别人着想，就会产生同化，彼此间的关系就会更加融洽。

同化就是找共同点。和一个陌生人交谈，意外地发现两人是同省同县同乡的，而且一方放弃讲普通话，另一方马上也说起了老家话，那么两人就会倍感亲切，沟通起来就非常容易。

通常，我们在初识时总会在无意间询问别人好多问题。通过询问，我们发现双方有着共同的衣着习惯，共同爱好的电脑品牌，都喜欢喝某种饮料，吃某种面包。发现了一些共同点，我们就会不知不觉去掉戒备与生分，谈话变得非常投入、专注与忘我，把自己融进对方世界。这个时候，无需恳求、命令，俩人自然就会合作做某件事情。

谁也不会去跟自己作对的人合作。在人与人交往的过程中，每一个人都会有意无意地在想："这个人是不是和我站在同一立场？"人与人之间的关系要么非常熟悉，要么非常冷漠；要么立场相同，要么南辕北辙，不管人和人是多么不同，在这一点上，你和你眼中的对手倒是一致的。

唯有先站在同一立场上，两人才有合作的可能。就算是对手，你也可能和他有共同的利益关系，最终走到一起来。

说话时要尽量避免遭人误解

在日常交往中，经常有说的话被别人误解的时候。有这样一个故事：有一个人要请七位朋友喝酒，等了半天只到了六位，还差一人。主人自言自语地说："该来的不来！"其中两位客人心想："可能我们是不该来的。"于是，便悄悄溜走了。主人转来一看又着急地说："不该走的又走了。"这时又有两位客人想："那么我们是该走的了。"于是两人也伺机溜走了。主人见状，更加着急，说："该来的没来，不该走的又走了。"最后两位客人也气呼呼地走了。

主人一片好心，为什么客人都走光了呢？就是因为主人的话引起了客人的误解所致。那么怎样才能使自己说的话不被别人误解呢？起码要注意以下几点：

1. 要尽量少用话中有话的句子

如上例中主人说的三句话都容易让人理解为话中有话，弦外有音。

第一句“该来的不来”，使人想到“不该来的来了”；第二句“不该走的又走了”，言外之意就是“该走的没走”；第三句“该来的没来，不该走的又走了”的话中话是“我们即是不该来的，又是该走的”。因此，六位客人走得一个不剩。所以，我们在需要明确表达自己的意思时，话一定要说得明确、具体，千万不要模棱两可，不要说话中有话的句子，以免引起误解。

2. 不要随意省略主语

从现代语法看，在一些特殊的语境中，是可以省略主语的，但这必须是在交谈双方都明白的基础上，否则随意省略主语，容易造成误解。

一个男青年在急急忙忙挑帽子，售货员拿了一顶给他，他试了试说:“大，大。”售货员一连给他换了四、五种型的帽子，他嘟囔着:“大，大。”售货员仔细一看，生气了:“分明是小，你为什么还说大?”这青年结结巴巴地说:“头，头，我说的是头大。”在场的人都忍俊不禁。

之所以造成这种狼狈的结局，就是这位年轻人省略了他陈述的主语“头”。

3. 要注意同音词的使用

同音词就是语言相同而意义不同的词。在口语表达中脱离了字形，所以同音词用得不当，就很容易产生误解。如“期终考试”就容易误解为“期中考试”，所以在这时不如把“期终”改为“期末”，就不会造成误解了。

4. 尽量不要使用含糊不清的话语

例如“适当的”、“好像是……”、“大概”、“可能”、“估计”等等。

这类话意在两可之间，空洞含糊，使人听了如坠云雾之中，不清不楚。

避免使用让人感觉不舒服的字眼

在我们说的话里面，有些字眼会引起别人的抗拒和争论，我们要特别留意避免它们。

富兰克林曾谈到沟通技巧:“当我在推动任何可能引起争论的事情时，我总是以最温和的方式表达自己的观点，从来不使用绝对确定或不容怀疑的字眼，而代之以下列说法：据我了解，事情是这样子；如果我没犯错，我想事情该是这样；我猜想事情是不是该这样；就我看来，事情是不是该如此？像这样对自己看法没多大把握的表达习惯，多年来使我推动许多棘手的问题一帆风顺。”富兰克林实在是深谙说话的重要性，避免使用肯定的字眼来说服别人接受他的观点，以免造成抗拒。在我们的生活里，有一个词颇具杀伤力，可是我们用得太习惯而浑然不觉，这个词就是“但是”。如果有人说:“你说的有道理，但是……”你知道他是什么意思吗？他是指你说的没道理或不相关。“但是”这个词具有否定先前所说的意义。如果有人在同意你的观点之后，再加上“但是”这两个字，你会有什么样的感觉呢？如果你把“但是”这个字替换成“也”的话，会有什么结果呢？如果你这么说:“你说的有道理，我这里也有一个满有道理的看法……”或“那是个好主意，我这里也有一个蛮好的主意……”你想想会有什么不一样呢？这两句话都是以同意对方观点开头，然后给自己的观点另开一条路，但并没有造成对方抗拒的心理。

我们要牢牢记住，在这个世界里没有永远抗拒的人，只有顽固且不具弹性的沟通者。就像有些话会必然地激起听者的抗拒，然而也有些话能使听者敞开心扉，愿意与你沟通。

如果你懂得沟通的技巧，完全可以在坚守原则的立场下，既充分表达了自己的观点，也没有激起他人的反对。为了做到这一点，下次你可以试试下面这三句话："我感谢你的意见，同时也……""我尊重你的观点，同时也……""我同意你的看法，同时也……"在上面的每一句话里，都表达了三样事。第一，你能站在别人的立场看这件事，而不以"但是"或"不过"的字眼来否定或贬抑他人的观点，因而达成契合；第二，你正建立一个使你们携手合作的架构；第三，你为自己的看法另开一条不会遭遇抗拒的途径。

比如，如果有人对你说："你百分之百的错了。"而你反顶了一句："我没错！"你认为双方还能平心静气地谈下去吗？自然是不可能的，这时反倒会有冲突、有抗拒。相反地，如果你这么说："对于这件事，我十分尊重你的看法，同时也希望你能站在我的立场听听我的看法。"注意，在沟通时你无需赞同他的主张，但是你一定得尊重他的立场，因为毕竟各人有各人的认知方式和情绪反应。

你也可以尊重别人的意图，例如，经常有人因为对某件事的意见与他人相左，继而不尊重别人的意见，甚至听而不闻。如果你能参考上面的句式，你就会注意他的意图而不在意他所说的，在这种理性反应下，便能寻出一些新的沟通方式。

假设你与某人在核武器问题的看法上相互争论，他主张建立核打击武力，而你主张冻结核武力。虽然你们的看法是南辕北辙，但是出发的动机却是相同，都希望确保自己和家人的安全，以及世界的和平。这时你先不与他争论，相反地你应站在他的立场说道："我十分感谢你如此关心下一代的安全，同时我也相信除了用核武吓阻之外必然还有其他的方法。”

当你采用这个方法沟通时，对方必然觉得受到了尊重，也就不会产生争执。这套方法你可用之于任何人，不论对方怎么说，你总能找出他值得尊重、感谢、同意的观点。你不会跟他有任何的争执，因为你根本就不打算争执。

诚恳道歉，争取对方的谅解

在与同事、朋友或上司交往中，难免会说错话、做错事，也就难免会得罪一些人，有时甚至会给他人带来精神上的巨大痛苦和经济上的巨大损失。

对此，若是能及时认识到自己的错误，诚恳地向对方道歉，并主动承担责任，一般情况下总能得到别人原谅的。倘若你发现自己错了，又不能及时向他人道歉，甚至千方百计找借口为自己辩解，其结果不仅得不到别人的谅解，反而还会受到道德上的谴责和人格、形象上的损害，使你失去朋友、失去友谊。因此，任何人都不要小看了道歉的作用。

真正的道歉并不只是认错，而是要勇敢地为自己的过错承担责任，承认自己的言行破坏了彼此间的关系。通过道歉表示你对这个关系十分重视，并希望重归于好，这样不仅可以弥补破裂了的关系，而且还可以增进感情。

要进行成功的道歉，必须掌握以下要领。

1. 态度一定要诚恳

美国学者苏珊·杰考比说："在我最初的记忆中，母亲对我说，在说'对不起'时，眼睛不要看在地上，要抬起头，看着对方的眼睛。这样人家才会明白你是真诚的。我母亲就这样传授了我良好的道歉艺术：必须直率。你必须不是在假装做其他事情。"道歉并非耻辱，而是真挚和诚恳的表现。

2. 道歉要堂堂正正，不必奴颜婢膝

学会道歉，检讨自己、纠正错误是一种美德和值得尊敬的事。因此，不必躲躲闪闪，羞羞答答，但也不必夸大其词，一味往自己脸上抹黑，那样，别人不仅不会接受你的道歉，甚至觉得你虚伪。

3. 道歉一定要及时

很多人一做错事，就会搬出很多理由试图保护自己，拖延时间，也有人碍于面子而不肯立即诚实认错。殊不知，这样做反而会遭致反效果。做错了事，最重要的是应该先认错。唯有及时认错，才能寄希望对方以"人非圣贤，孰能无过"的宽大态度给予谅解。即使不能马上道歉，日后也要找准时机及时表示自己的歉意。

4. 方式要灵活

真诚的道歉能缩短人的隔阂，融化过失与误解，增强人们之间的友谊和心灵共鸣。人们之间没有解不开的恩怨。"相见一笑泯恩仇"，大家在这个小小的世界上需要的是现实的爱。但是，例如性格内向的人却往往朝相反的方向考虑，他们少言寡语，常常孤身独处，不愿与他人多来往。当自己和别人吵架翻了脸，肚子里兜着气，又不愿说，面对感情的阻碍任其自然。

怎样才能改变这种被动的局面，进行适宜的道歉呢？

（1）语言道歉。首先，打破心理封闭。不要把自己的歉语憋在心里，应该理智地找一个机会表达出来，这是一个人走向成熟的表现。当面用语言向对方表示致歉，是道歉艺术的重要方法。及时道歉，对经常见面的同事或朋友有了言行上的得罪，不能故意回避，也不能装糊涂，时间越长积怨会越深。道歉不能漫不经心，甚至一边做自己的事一边道歉。因为这样会被人认为你是迫不得已，暗藏蔑视。道歉要直截了当，不要转弯抹角，更不要找许多借口原谅自己的过失。有时一时难以区分谁是谁非，为了扭转环境气氛也应用直接道歉的方式解决大家的困窘。

（2）行为道歉。人的情绪是行为中最明显的表情语言，甚至体态姿势都会有情感传递的意义。对于一些无关紧要的摩擦与争论不一定都要当面赔礼道歉，否则人家会觉得你太谨小慎微或者心中看不起别人。你可以在下次相会时主动打个招呼、在开会时主动坐在他身边等等，聪明的同事或朋友或朋友完全可以从你的表情和体势中领会你的歉意。

（3）信物道歉。在年末，不妨找出过去一年中与哪些同事或朋友在交往中有过言行上的冲突，然后寄上一语新年祝福。虽然你没有负荆请罪，但同样可以消除隔阂。若朋友间有了成见，当面讲又怕碰钉子，你也可以在他的枕边写张纸片或给他送上一份小礼品，同样可以达到道歉的效果。虽然你没有当面认错，对方也不会不接受。

第八章　找出共同点，激发共鸣

社会心理学认为，人际吸引中的相似性是一个重要因素，它包括年龄、性别、社会地位、经济状况、教育水平、职业、籍贯、兴趣、价值观、信念、态度等的相似。因为相似的人彼此容易沟通，较少因意见传递的困难而造成误会和冲突，即使是初次见面，也有“相见恨晚”的亲切感。

共同点越多，双方的感情也越显得密不可分，即使对方是很顽固的人，也会很容易被说服。业务员在争取客户时是这样，公司员工希望得到公司上级青睐时也是如此。

在谈话开始时，也许你发现了双方的一个共同点，但不能就此满足，必须继续找出更多的共同点。你要不断地反复强调彼此之间的共同点，让对方产生“他的想法和我一样”的认同意识，这样就可以促使对方认为“对面那个令人讨厌的对手和自己是同伙”。这对你的说服工作会更有帮助。

一些看起来毫无意义的共同点能够产生意想不到的效果。例如：同校的毕业生、同一老师教过、去过相同的地方、同样是工薪阶层等。

在生意场上，人们惯用的手法多是以对方出身地为话题而展开的。虽只是在旅途中路过一次，便一知半解地说一句：“听说是个好地方啊。”于是双方就谈上了。这也是给对方留下好印象的一种谈话方法。

只要你去寻找，双方之间一定会存在一些共同之处。即使你一时没有找到有说服力的共同点，你也可以试试下面这种说法：“我们之间至少有一个共同点，那就是我们双方都有解决这个问题的热忱。既然如此，我们不妨继续努力，一定可以找出其他共同点。”

由于你一再强调共同点，对方自然而然地就会慢慢地敞开他的心扉。

人同此情

历史上著名的“触龙说赵太后”的故事也是一个很好的寻找共同点的例子。战国时期，赵国的太后刚刚执政，秦国就趁这机会加紧攻打赵国，形势非常危急。在这种情况下，赵国只好向齐国求救。

齐国答应支援，但附有条件，要求派长安君来齐国作为人质，这样才肯发兵。长安君不是别人，正是赵太后最疼爱的小儿子。

对齐国的要求，赵太后断然拒绝。

大臣们十分着急，一再去劝太后，请她答应齐国的条件。太后十分生气，宣布说：“谁再来提让长安君做人质的事，我就一定要啐他一脸！”

这种气氛之下，大臣们谁也不敢再开口了。

但此时，秦国加紧进攻，赵国安全危在旦夕。担任左师的触龙十分忧虑，他冒着生命危险要去劝谏太后。

太后听说后，就怒气冲冲地等着他，看他来谈什么，要是再来劝，一定要让他碰钉子。

触龙故意用小步缓慢地走上殿堂，到太后面前就谢罪道："老臣的脚有毛病，所以不能快走，真是失礼了。好久没来看望您了，担心您的身体，所以今日特来问候!"

看着触龙衰老的样子，太后回答说："我现在也是靠着车子才能行动啊!"

触龙马上很关心地问道："那吃饭还好吗?"

"嘿，只喝点稀粥罢了!"太后回答说。

"我的胃口也不好，不过总支撑着散散步，每天走三四里，增加点食量啊!"触龙说。

太后叹了口气说："唉，我可做不到啊!"说话时，脸色好了一些，怒气已经消了大半。

这时，触龙用恳求的声调说："太后，老臣有个孩子叫舒祺，排行最小，不成材，可老臣还是宠爱他。我想求您让他当一名侍卫来保卫王宫吧!"

"可以呀，今年他多大了?"太后问道。

"15岁了，虽还不大，但我想趁我还活着时，把他安排好啊!"触龙回答说。

"嘿，原来男人也爱自己的小儿子呀!"太后笑了笑说。

触龙也笑了，他说："我爱儿子比女人还厉害哩!"

太后又笑了，此时谈话的气氛已经缓和了许多。

这时，触龙趁机说："老臣以为太后疼爱女儿燕后要超过长安君啊!"

太后摇了摇头说："那怎么可能呢!"

触龙很有感慨地说:“父母疼爱儿女，总是替他们做长远的打算啊！想当年，您送燕后出嫁时哭个不停，就是为她嫁得远而悲伤呀。她出嫁后，虽然您苦苦地想她，但每次祭祀时总是祈祷，让她千万别回国。这不是替她做长远打算，让她的子子孙孙、世世代代继承王位吗?”

“是呀，我确实是这么想的。”太后点了点头说。

触龙见太后的情绪已完全好转，便进一步说:“您想过没有，三代以前，甚至赵国开始建立的时候，那子子孙孙世代封侯的，到现在还有吗?”

太后想了想说:“没有了呀!”

“难道这些封侯的子孙个个都不好吗？不是的。关键是他们没有功劳呀！没有功劳却享受着很高的俸禄，有着很高的地位，时间长了就很难立足啊！现在您宠爱长安君，可以提高他的地位，也可以赐予他很多的土地和财宝，可就是不让他为国立功。将来您百年以后，长安君凭什么站得住脚呢？所以我认为您替长安君打算不太长远啊，这才说您爱他比不上对燕后的爱。”

一席话，使赵太后醒悟了，她改变了原来的想法，把长安君送到齐国，让他为解决这场危机出力。

齐国见赵国答应了条件，立即出兵救赵，击退秦军。赵国得救了。

触龙的高明之处就在于一开始强调与太后的共同之处：两人的身体都不是很好，触龙的脚有毛病，太后也是靠着车子才能行动。然后，触龙又强调第二个共同点：两人的胃口都不是很好。接下来触龙强调了两人之间的第三个共同点：都爱自己的小儿子。有了这些共同点以后，太后对触龙的抵触情绪已经消失，此时触龙才涉及问题，用真情实感、肺腑之言去感动对方，终于使固执的太后接受了自己的观点。

心同此理

美国著名作家欧·亨利曾发表过一个病人同强盗成为朋友的故事。一天晚上，一个人因病躺在床上。忽然，一个蒙面大汉跳进阳台，几步就来到床边。他手中握着一把手枪，对床上的人厉声叫道："举起手！起来！把钱都拿出来！"

躺在床上的病人哭丧着脸说："我患了非常严重的风湿病，手臂疼痛难忍，哪能举得起来啊！"

那强盗听了一愣，口气马上变了："哎，老哥！我也有风湿病，不过比你轻多了。你患这种病有多长时间了？都吃什么药？"

躺在床上的病人从水杨酸钠到各类激素药都说了一遍。强盗说："水杨酸钠不是好药，那是医生用来骗钱的药，吃了它不见好也不见坏。"

两人热烈地讨论起来，特别对一些骗钱的药物的看法相当一致。两人越谈越热乎，强盗已经在不知不觉中坐在床上，并扶病人坐了起来。

强盗忽然发现自己手里面还拿着手枪，面对手无缚鸡之力的病人十分尴尬，连忙偷偷地把枪放进衣袋里。为了表示自己的歉意，强盗问道："你有什么需要我帮忙的吗？"

病人说："你我有缘分，我那边的酒柜里有酒和酒杯，你拿来，庆祝一下咱俩认识。"

强盗说："不如咱们到外边酒馆喝个痛快，如何？"

病人苦着脸说:“只是我手臂太疼了，穿不上外衣。”

强盗说:“我可以帮忙。”于是，他帮病人穿戴整齐，一起向酒馆走去。

刚出门，病人突然大叫:“噢，我还没带钱呢!”

“不要紧。我请客。”强盗答道。

短短的时间里，病人跟强盗竟然成了朋友。

要使初次见面的人与你接近，最好的方法就是找出两人的共同点，即使是很小的共同点也无所谓，而且共同点愈多距离也愈近。这样一来，事情就好办多了。

用“我们”化敌为友

说话时，常用“我”开头或代表自己观点的人，树立的敌人只会愈来愈多；而常用“我们”的人，敌人也会变成朋友。从心理学角度来说，“我们”、“大家”这类具有共同意识的字眼，容易让对方产生错觉，搞不清你的立场为何，总以为你和他是一方的；这时候，对方要攻击你时，就会投鼠忌器或无法全力以赴，而这正是你想要的结果。在这种情形之下，对方的反击最没有杀伤力，而且他的心防也很容易被你攻破，接着你再用“攻心”策略，趁他撤掉心防时，直捣黄龙，相信会有所收获。

自古就有许多政治人物或领导者，都利用这种“我们”策略来笼络人心、化敌为友，当他举起手中的刀枪或拳头时，成千上万的听众也会同样地举起拳头高喊他的名字。

第二次世界大战时，德国的希特勒、意大利的墨索里尼这些人物，在台上一呼百应，就是运用这种策略，煽动起群众热情的火焰。

为什么他们能够靠着演说，将听众紧密地联系在一起呢？

秘诀就在于其所运用的语言策略让广大的群众认同他并产生共同意识。演说中，他们总会一直使用“我们”、“我们大家”等字眼，使听众产生“命运共同体”的感觉。这样的演说策略，会使许多人认为这是攸关大众利害的事情，并非为了个人的利益。

每个人的内心或多或少都存有潜在的“自我意识”，谁也不愿意被别人左右。如果他认为你是在说服他，那么他的反抗意识就会更加激烈，而不愿意接受你的看法，即使你说得天花乱坠、头头是道，在他眼中也不过是为谋取私利而进行的伪装表演。

经常使用“大家”、“我们”等这类字眼，让彼此感觉到大家都是自己人，既然是自己人，当然就不必固守心理防卫，当然就能认同你的观点了。

战国时，郑国弱小，秦晋两大国联军围郑。郑文公派烛之武和秦穆公谈判。烛之武见了秦穆公说：“我虽为郑国大夫，却是为秦国利益而来。”秦穆公听后冷笑，不予相信。接着，烛之武给秦穆公做了分析：“秦晋联合围郑，郑国已知必亡，然郑在晋东，秦在晋西，相距千里，中间隔着晋国，如果郑亡，秦能隔晋管辖郑地吗？郑只会落于晋人之手。秦晋毗邻，国力相当，一旦郑被晋所吞，晋国的力量便超过秦国。晋强则秦弱，为替别国兼并土地而削弱自己，恐非智者所为。如今，晋国增兵掠地，称霸诸侯，何尝把秦国放在眼里，一旦郑亡，便会向西犯秦。”

秦穆公听后连连点头称是，请烛之武坐下交谈。烛之武继续剖析：“如果蒙贵王恩惠，郑得以继续存在，以后若秦在东面有事，郑国将作为‘东道主’负责招待过路的秦国使者和军队，并提供给养。”

秦穆公听后非常高兴，遂和烛之武签订盟约。晋国看没有了同盟军，也只好撤回了军队，于是郑国保住了。

烛之武瓦解秦晋联盟，就采用了“我们”效应。他睿智地觉察出秦晋联盟并不稳固，两个“超级大国”互相并不信任，彼此猜忌很深。烛之武要做的关键事，就是让秦穆公把自己当成他的“自己人”，而晋国只是个想占秦国便宜的“外人”。通过他的一番分析，秦穆公果然同意烛之武的看法，觉得烛之武的的确确在为秦国着想，于是转而同郑国结盟，郑国的燃眉之急得到解脱。数十万军队解决不了的一件事，却被烛之武轻易化解，“自己人效应”的力量可见一斑。

但是，现代人生活节奏实在太快，上下班如同是打仗一样，哪怕同住一座楼一个单元甚至就在隔壁，即使平时也都很少碰面，更何谈交流？久而久之，彼此隔阂戒备日益加深，一说要聊天，人们自然是习惯于先找熟悉的人、亲近的人来交流，对于陌生的人则显得有些不够热情就会让人产生戒备心理。如果我们想结交新的朋友，就必须让对方尽快消除这种戒备心理。那么，怎样让对方尽量快地把你归入到“自己人”的行列里去呢？这里面是有一定的窍门可寻的。

第一，主动和对方交往，注意激发对方的表现欲。很多人都希望成为交谈内容的主角，所以在谈话中，他们更多地希望对方能够倾听自己的述说。我们本身可能也有这样的欲望，但是在以广交朋友为目的的场合里，我们要努力克制这种欲望，争取围绕着对方的话题展开讨论，并适时表现出你对他非常感兴趣，希望以后有机会继续交往下去。这样一来，他在心理上就容易接受你，从而为进一步的沟通创造条件。

第二，找准双方都感兴趣的话题，循序渐进增进了解。善于交际的人在与人交往中有一双慧眼，他们善于寻找双方一致的地方。如相同的籍贯、相同的民族、相同的年龄、相同的爱好，甚至是相同的明星“粉丝”等，

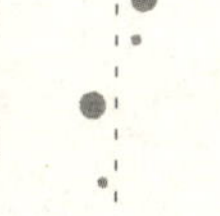

都可以作为展开话题的铺垫。总之，我们之间是自己人，这样便可以把双方的心理距离拉近，工作起来、交往起来就比较容易，效果也好。

第三，要在公众场合展现你优秀的人格，引起对方的关注。在大庭广众之下，喋喋不休地讲述远不如你的一个细微的动作更容易引起他人的注意。比如，给迟到的女士让个座位，扶起不慎摔倒的小朋友，给遇到的认识和不认识的人一个迷人的微笑，交谈过程中睿智而风趣的语言，对人热情坦率的态度等，都可以让你给对方留下深刻的印象，也为大家把你当成“自己人”铺好了道路。

我们在交往过程中，如果想和对方建立起紧密的联系，如果想说服别人按照你的建议去做，那么，就要发挥好“我们”是“自己人”的效应，让对方身心愉快地接受你和你的建议，从而取得事半功倍的效果。

第二篇
会做人

在日常生活和工作中，我们常常听人夸赞某某很会做人：某人有志气，工作学习很努力，做人也很踏实，既不好高也不自卑；某人学历(或位置、薪水、技术)比别人高，做人却很谦虚，不势利，说话做事不拿架子；某某人很好学，一有空就读读写写，经常向同事或上司请教问题；某人安守本分，分内事处理得井井有条，既不多事也不怕事；某人很有责任心，该他负责的工作从不推托搪塞了事，什么事情交到他的手上都可以完全放心；某人很诚实，不会唬弄人，答应下来的事情铁定会做得分毫不差；某人很低调，不居功，不自傲，更不会张扬跋扈做成一点小事就嚷嚷得满天下都知道……

仔细分析一下，有志气、会努力、谦谨好学、不好高不自卑，低调、本分、不势利、诚实、守信、有担当，这些不就是会做人吗？

所以，会做人，往低了说是一种姿态、风度，而往高了说即是一种修养、境界，是人区别于其他生物的立身之本。

第九章 做人要有志气

做人，首先当然要有志气。一个人若没了志气，得过且过，也便没了精神，自然会浑浑噩噩，立都立不起来，何谈做人？更不必奢谈什么会不会做人了。

“三军可夺帅也，匹夫不可夺其志也”，“宜守不移之志，以成可大之功”。无事澄然，在闲暇时刻也要保持自己的一份志气和理想，那是生命的意义和人生的终极目标。

立志就要“收放心”。一个人清心寡欲，持志不动，这是人心向上的最好状态。然而很多时候，人心是浮荡与浮躁的，受声色犬马的诱惑，东追西逐，不知所至。立志，当然不是立“歪志”，中国古代讲“修齐治平”就表现出传统文化对于“志”的基本要求，就是要“利国”、“利民”、“利天下”！

孙中山先生说过，要立志做大事，不要做大官。这句话告诉我们，若不能立志，虽做皇帝、做总统也无事可做；若能立志，虽做平常人，也足以成大事！

虽然现实经常会让我们做出妥协，做出改变，会让我们感觉自己距离曾经的理想越来越远，但并不意味着我们的整个人生观就已经完全被丑陋的现实给填满了。因为一个失去了理想的人，灵魂是苍白的，做起事情来也是没有方向的。只要我们依旧坚持自己前进的方向，并为了这个目标而不断奋斗着，就算我们现在的生活是灰暗的，只要内心深处的某个角落依旧还有着那种奋发向上的美好理想，我们未来的人生就会充满了美好的意义。

这就是一个有理想、有志气的人在与现实的不断抗争中，不至于被现实所浸染、所吞没的核心所在，也是人类历史和社会不断进步的内核所在。

匹夫不可夺志

《肖申克的救赎》这部电影讲述的是一个发生在监狱里的、长达19年的故事，是一个自我救赎、自我解放的故事，它所给予我们的已不仅仅是心灵的震撼，也是激励着我们不论身在何处，不论遭受怎样强大的压迫，你都应该坚持着成为最本真的自己。匹夫不可夺其志也，“志”是希望，是心中的意念，是对于自由的渴望。一个人绝不可以失去自己的信念，而一个内心足够强大的人，也没有任何事物可以从他心中夺走这信念的力量。

试想一下，若是故事中的主人公安迪在肖申克中失去了自己心中的那块他人无法动摇的圣洁之地，他也许就在这毫无人性的高墙之中消沉堕落了吧。那么绝望，也就是肖申克所给予他的礼物了。但他最终站了起来，肖申克夺去了他人生中最美的年华，但他恰恰是在这鬼门关中重获新生。

监狱中的19个年头，将会成为安迪一生中最值得被津津乐道的人生体验。各种各样的折磨反而凸显了他心中的那份持守。19个春秋的流逝足以让人捶胸顿足，因为这个年纪轻轻的银行家本可以做出更多更大的成就，然而既然年华已逝无法追及，不如就将这耽误的19年当作是人的一次新生。因为安迪真的成为了另一个境界中的人。

他的名字应该被肖申克所记住，更应该被每一个奋斗途中的人所记住。安迪可能并未做出什么惊天地泣鬼神的伟大贡献，但他绝对是一个激励着我们的战歌，是一个标志。我们要走的路还很长，烦恼也因此滋生无数，然而每每想起安迪这样的“传奇”，便会觉得重新找回了自己遗失的力量。

“有的人忙着活，有的人忙着死。”我们为了自己的生活都付出了太多太多，有的人被物质的包袱压弯了腰，有的人选择了在残害面前求饶。生命的意义究竟该如何定位？与其在这样的不自由的束缚中成为奴隶，还不如奋起反抗。我们不应让任何邪恶的力量凌驾在我们身上，因为它们看似凶神恶煞，实则不堪一击。我们所要做的便是坚持成为自己，坚持为了自己心中的志而奋斗。《肖申克的救赎》这部影片的内容价值已超越了一部电影的单纯意义，这支战歌将被永颂于我们心中。

匹夫不可夺其志也，不屈服，不认输。

希望、梦想与现实

当你长大逐渐成熟之后，你会开始思考你的人生何去何从。梦想会随之绽放、茁壮。这是一件好事。没有了梦想，我们将会失去希望，只不过要记得你的梦想要充满希望。

但是，你的某些梦想会成真，其他的会渐渐消失或改变，更有些会在你的眼前粉碎。在你的人生中，你可能必须要放弃一到两个梦想。可是你这么做的时候，其他的机会又会展现在你面前。

约翰年轻的时候喜爱写诗，他不记得自己是何时开始爱上写诗的。诗始终是他生命中的一部分，他宁愿用诗来表达自己内心深刻的感受，某些他感觉难以面对的事便以诗传达。

约翰大学毕业之后，在德州的爱尔巴索市的一家报社找到一份差事，他将所有的家当打包，开着自己的老爷车直奔德州开始新生活。这份工作只维持了两个月，报社便倒闭了，解雇了所有的员工。约翰只好另外找寻工作，却并没有很多就业机会。然而，妻子鼓励他应该把他的一些诗作集结成书，然后寻求出版。

在很小的时候，约翰便梦想成为一位名作家。妻子对他的信心令他十分陶醉，约翰是既兴奋又紧张。妻子白天作秘书，晚上做裁缝来维持日常生活，而约翰则日以继夜地创作他的第一本诗集。

约翰倾尽全心全意从事写作，等到完成时感到非常的自豪。他本想向全世界描述自己内心深处的梦想、希望和欲望，却发觉这个世界对其嗤之以鼻。他被退稿 12 次之后，就完全麻痹了；等到拒绝了 24 次，他坐在后院凉亭，重新评估人生目标的优先次序。

这的确是件棘手的事，一位女演员要坐多久冷板凳才会放弃她获得在电影中扮演第一个角色的希望？一个提琴手要试音几次，才会觉悟到他永远无法成为交响乐团的一员？一位舞者要尝试几回，才能明白她的动作不如舞台上那些年轻女孩的舞姿妙曼，而终于下决心将舞鞋束之高阁？

约翰开始想到妻子想要住在一栋红砖屋的梦想：拱形的大门口，院子里的树叶摇曳，前面有个门廊，能让她傍晚坐在那儿休憩，向过路的邻居挥手打招呼。

以当时的财务状况而言，他们似乎永远达不到这个梦想。还好，后来约翰在湖公园市的一个广告公司内谋得一个职位，他们竭尽所能节省每一分钱，不久便足够在中谷市建筑他们的家园。

从某种意义上说，约翰放弃了成为诗人的梦想，而迁就于另一个比较小的梦。然而，每当他亲眼看到妻子坐在门廊里缝制衣服，向邻居挥手致意时，他就觉得成为诗人未必就是个值得追求的伟大梦想。

遵循你的梦想，做出最佳的抉择。当你意识到你正为自己创造最佳的途径时，自然会得到心灵的平静。你有独一无二的人生。对别人有益的梦，也许会危害到你。你可以拥有梦想和希望，不过要懂得梦想与现实之间的差距。

心怀梦想，志存高远

心怀梦想，志存高远，人生之梦需要实实在在的“规划”才能“追寻”。成功的人生离不开成功的规划及在正确规划指导下的持续奋斗。人生如大海航行，人生规划就是人生的基本航线，有了航线，才有动力去学习，才不会偏离目标，更不会迷失方向，才能更加顺利和快速地驶向成功的彼岸。萧伯纳有一句名言:“明白事理的人使自己适应世界，不明白事理的人，硬想使世界适应自己。”人生就是在这种不适应中，调整适应，发展适应的长河中前进的。在人生的每一个漂流中，可能会远离我们的人生坐标。问题在于，我们应该学会在远离目标的时候，去创造条件，接近目标。所谓创造条件，本身就是一种进取、一种求索，一种心向即定目标的执着，一种坚忍不拔的追求。

宋如被美国某大学聘任担任商学院院长。上任之后，他首先把商学院的大概情形研究了一番，发现资金是学院最迫切需要的。鉴于自己有很强的募款能力，他明确地将为学校筹集资金列为自己工作的重中之重。

在这个过程中，也产生了众多问题。过去的院长和新院长的工作重心不同。以前的院长侧重的都是院内的日常事务，而这个新院长却老是不见踪影，在全国各地跑来跑去，为学校进行巡回募款，以便使院内的研究经费、奖学金等更加充实。这样做虽然为学校带来了资金，也产生另一种影响，即他不是以事必躬亲的方式处理日常事务，这一点比不得前任院长。

教授们常常要经过他行政助理才能找到他，这样一来他在大家心目中的地位就降低了。

后来事情发展到了很严重的程度，教授们对他的不满终于爆发，大家派代表去见校长，要求要么院长彻底改变自己的领导方式，要么另请高明，改换院长。校长理解这位院长的行为，便说："事情还没到这个地步，院长身边不是有个很不错的助理可以帮助他解决问题吗？观察一段时间再说吧。"

不久以后，众多的捐款开始源源不断地涌到院里，这时教授们领会到院长的远见与苦心。之后，只要看到院长，他们都会说："不用呆在这里了，尽管去募款，忙你自己的事情去吧。你有一个很能干的行政助理，我们有事直接请他解决就行了。"从长远的目标出发，将自己的长处发挥到极致，这是任何一个成功者都必须具备的素质。

在我们的日常工作中，这种思维的表现就是为明天做好准备。

不少人都有这样的经历，提前为第二天的事情做好准备，可以十分有效的管理时间，这种方法也十分简单方便。在每天的工作完成之后，再拿出一点时间，把办公桌上的东西规整一下，并提前安排好第二天要做的工作，做好了这两件事之后再离开，尽管这一过程只要五分钟就可以搞定，但确实很有必要。养成了这样的好习惯，以后每天你到办公室一切都是那么井井有条。即使连续一个月的工作都很枯燥，那也要坚持每天下班前把文件档案都整理好，把暂时用不到的各类材料收拾好放到柜子里，准备一个井然有序的工作环境好让自己翌日有一个好的心情。

把这个每天下班之前为第二天做准备的习惯坚持下去，一段时间过后，你会有很大的惊喜，你的工作效率将得到很大的改善，你的时间也变得更充足，你的生活、工作也变得更加有条理。

最后，养成了这种习惯，你可以大胆地给自己要做的工作设一个期限，不必担心到时出现意外情况而自己没有时间应对。

在向领导报告自己的工作进展情况时，适当的引用一些具体事实作为自己观点的依据，也是很有必要的。

不管是怎么样的一天，在规定的时间内完成应该完成的任务都是你应该做的。同时把意识和潜意识都充分调动起来，做到准确合理的计算你的时间。在工作的过程中，通过制定细致而科学的工作计划，你就不会陷于毫无头绪的困境，也不会因为太多的压力而产生抵触的心理。同时，把时间安排得合理妥当，不要给自己留下过多的空闲时间，以免因为时间充足而产生懈怠心理，或者是效率降低造成时间的浪费。

要想使自己立于不败之地，要将远景目标与现实情况相结合，处理好两者之间的关系。

明确志向，规划人生

一个人的目标，不是在长大之后才有的，而是伴随着人们意识的开始而逐渐形成的。很多小朋友都会有各自心中的理想：我要当警察，抓坏蛋；我想成为医生，可以让人们不生病；我想成为科学家，制造强大的火箭，飞翔太空……这些都是他们的目标，他们对职业的一种最单纯的向往。相对于他们，已经长大了的、思维更加成熟的我们，反而失去了目标和方向，摸不清自己喜欢什么，想要什么了。

美国杜邦公司的副总裁卡尔夫曾经说过：“最悲哀的事情莫过于，有那么多的年轻人，从来就不知道自己想要干什么。在工作中获得的仅仅是薪水，而其他的却一无所获，这是件让人多么伤心的事情啊。”

正如卡尔夫所说，越来越多的人们不知道自己正在干什么，也愈来愈不了解自己的需求了。比如，小陈的专业是国际贸易，与 IT 的关系并不是很大。只是因为看到此行业前景光明，他就匆忙进入。当发现自己不感兴趣时，却已经有半只脚踏了进去，浪费了时间和金钱，最终落得进退两难的境地。

为了避免这种情况的发生，我们首先应该进行职业生涯规划，明确自己的职业目标，了解个人的爱好兴趣，不要像小陈那样“乱投医”，在做选择的时候才能更加有针对性；其次，对要应聘的公司应给予更多的关注，而不能像某些盲目的求职者那样，打算用一张大鱼网捕到更多的鱼，殊不知鱼网的漏洞太大，一只鱼也没得到。因此要收集更多关于企业的信息，了解企业的文化内涵，对岗位的要求职责有更深的了解。通过这两个方面的综合实施，双管齐下，而做到心中有数，同时也大大提高了求职效率。

所谓职业生涯规划，指的是根据对自身主观条件和客观环境因素的分析，确立自己的职业生涯发展目标，选择实现这一目标的职业，以及制订相应的工作、培训和教育计划，并按照一定的时间安排，采取必要的行动实现职业生涯目标的过程。

有关专家指出，人生做职业规划的最佳时期是在高中时代，因为高考是人生的第一次职业定位，这时如能清楚地知道自己的优势和劣势，兴趣和特长，以此为据选择志向，以后的各阶段可根据具体情况进行不断修改和完善。让职业规划从大学入校的第一天就开始，与四年学习生活同步。这样到了大学毕业才不会“临时抱佛脚”，出现就业恐慌。特别是面对当前的就业形式，不早下手，就要晚就业。

可是，有的人到了大学快毕业了，甚至毕业后已经做了一两份工作了，还没有自己的人生职业规划，这样怎么能不迷茫呢？职业生涯发展要有计划、有目的，不可盲目地“撞大运”。很多时候，我们的职业生涯受挫，就是由于生涯规划没有做好。好的计划是成功的开始，古语讲，凡事“预则立，不预则废”就是这个道理。

每个时期都有各个时期不同的发展平台，找工作最好按照发展方向，应该是职业生涯规划的某一个平台。主要做自己适合的工作，看发展前景。然后一个平台、一个平台地往上走，逐步走出自己的成功之路。每个人的职业主要根据个人的实际不同找到职业切入点，否则，糊里糊涂找份工作，不适合自己，导致职业错位，竟在边道上晃悠，始终没有步入正轨。由于方向不对，越走越错。几年之后回头一看，职业生涯轨迹脚步紊乱，走出了一条蜿蜒小路，曲曲弯弯，来回周折。还有人十年之后又回到当初起步的原点，彻底迷路。赔上时间成本，浪费掉最美好的青春时光。

有的人对职业规划有认识，但做出职业规划后自己不去执行，就像到医院大夫给开了汤药，他怕苦不肯吃，开了药针，他怕疼不肯打，结果病是看了，方是开了，但病没治好，出现开花不结果现象。比如你面试某一职位需要的五个条件，你的简历中具备三或四条，你就不能轻易放弃，要努力争取这个职位。但是，你可能自觉“电压不足”，缺少竞争力，需要根据职位信息补充一些知识，把自己缺少的一条条添上。这样，职业生涯规划就等于直接、间接地促进了你能力的提高。

行之有效的生涯设计需要切实可行的奋斗目标，这是制定职业生涯规划的关键。目标决定着你的方向，没有目标的人永远也别想成功。目标是职业规划的出发点，同时也是促使一个人去实施规划的巨大动力。它鼓舞和鞭策一个人排除一切阻力和干扰，不徘徊、不犹豫、不妥协，勇往直前，全心致力于理想的实现。

制定实现职业生涯目标的行动方案，要有具体的行为措施来保证。没

有行动，职业目标只能是一种梦想。要制定周详的行动方案，更要注意去落实这一行动方案。比如，你必须仔细考虑如何来提高自己的综合素质，如何提高自己的技能，如何弥补自己的弱项，如何创造晋升的机会等等。这些具体、详尽、可行的行动方案，是实现目标的手段和工具，会帮助你一步一步地向理想的人生迈进，逐渐走向成功。

职业生涯规划是需要实践检验和不断完善的，因为人的认识是最复杂和多变的，不是一蹴而就的，要经过不断地实践确认，同时通过逐渐地调整，使得职业生涯规划更加清晰、明确。而人的多变性，也会导致人的职业生涯规划目标发生变化。因此，整个职业生涯规划要在实施中去检验，看效果如何，及时诊断生涯规划各个环节出现的问题，找出相应对策，对规划进行调整与完善。其中，整个规划流程中正确的自我评价是最为基础、最为核心的环节，这一环做不好或出现偏差，就会导致整个职业生涯规划各个环节出现问题。

在做职业生涯规划的时候，每个人自身和外部环境不一样，对未来目标的设定也有区别，你不可能对未来外部情况了如指掌，对自己的一些潜在能力也可能了解不够深入，这就需要在实施中不断根据反馈进行规划修正，使之更符合当时的客观环境。职业的重新选择、实现目标的时限调整、职业路线的设定以及目标本身的修正，都属于修正范畴。同时，要充分认识与了解相关的环境，评估环境因素对自己职业生涯发展的影响，分析环境条件的特点、发展变化情况，把握环境因素的优势与限制。了解本专业、本行业的地位、形势以及发展趋势。

行之有效的职业生涯设计，还要通过职场反馈信息随机调整修正职业目标，反省策略方案的可行度、契合度和成功概率，使之适应职场现状的要求，并作为下一轮生涯设计的参考依据。

政府常常要制定“十年规划”、“五年计划”等不同阶段的目标。对于个人来说，不断制定、调整有利于个人发展的工作计划也是十分必要的。

心理学家认为：“一个人的一生，总有大大小小的期望。期望是一个人的精神支柱，如果一个人没有了任何追求，他就很难愉快地生活下去。”这话是很有道理的。仔细想一下，你每天都有自己的追求。人的一生可以有各种不同的追求，小到完成一篇文章、攒钱买一台电脑、拿下自学考试文凭，大到成立自己的公司等等。

一般说来，最好是建立短期目标、中期目标和长期目标。在工作的不同阶段，要对形势发展进行分析，确定下一步的方案。将计划进程的详细步骤列出来，可帮助你有效地应对工作或环境等条件变化可能带来的不利影响。同你的同事、朋友、上司和家人共同探讨、努力，争取实现每一阶段的目标，或者改进计划，使之更加切实可行。订立了目标之后，不管目标是什么，都必须有务必实现的决心，才能称之为“目标”。订立了明确的目标之后，就要尽快地达成，这是最重要的先决条件。

当然，规划未来并不能保证将来摆在面前的一切困难和问题都能得到解决或变得容易，也没有可以套用的现成公式。但是，规划未来有助于提高你解决问题和调整心理的能力，有利于你及早发现和较好解决新难题，比如你是否需要通过培训来增加某方面的知识，是否考虑调换一下工作岗位或职业等问题。虽然，我们无法像网络小说中的穿越者那样预见将来社会会发展到何种程度，也不能预见我们每一个人的命运，但是，按照对未来的规划有条不紊地循序渐进是最重要的。只有这样，你才能达到在工作中不断发展自己的目的。

如何规划未来？目标定得太低，就无法充分发挥个人的潜力；目标定得太高，则无法实现。必须衡量自己的能力，稍微高于自己能力可做到的程度，才是好目标。在规划未来中必须注意考虑以下几个问题：

——我的目的是什么？（意图）

——对于我自己以及影响目的的一切事物，我有何了解？（第一手资料）

——我拥有什么样的条件来适合我的目的？（知识、物力）

——我怎样计划运用这些第一手资料和物力来实现我的目标？（方法）

——怎样使计划好的方法付诸行动？（贯彻）

职业生涯设计基本上可分为以下几个步骤：

1. 准确的自我认识

苏格拉底曾说："认识你自己。"罗马皇帝、哲学家奥里欧斯说："做你自己。"莎士比亚也说："做真实的你。"充分、正确、深刻地认识自身能力、个性及相关环境，以此作为设定职业生涯目标及策略的基础。

（1）能力摸底。了解职业要求的能力，可以参考各企业对人才素质的要求。一般大公司对管理人员能力的要求有：书面写作能力、口头表达能力、分析问题能力、解决问题能力、领导能力、人际交往能力、决策能力、创造力和创造精神、应变能力、组织与计划能力、敢冒风险能力等。了解自己的能力倾向可以通过以下两种方式：第一，能力测验：可以借助一些权威的测验量表，对自己的职业能力倾向做一个比较可观的鉴定。第二，活动分析：既从实际工作、生活经历来判断自己的实际能力，也可以请家人或朋友对你实际能力的优势与不足做一个评价。

（2）个性评价。可以通过心理测验、他人评价、经验总结和专家咨询四个渠道来评价自己的个性。

2. 职业定位

在职业定位中最关键的是要制订实现职业目标的行动计划。职业定位中的目标确定，可以成为追求成就的推动力，有助于排除不必要的犹豫，一心一意致力于职业目标的实现。

（1）列表分类。根据自己的能力和个性列出适合从事的多种职业，再把每一种职业的具体工作列出来，按“喜欢”与“不喜欢”将表分两类，仔细审视“喜欢”表，评定自己感兴趣且在能力范围内的职业。

（2）设计方案。根据“列表分类”得出的结果，针对每一种职业设计一套科学的工作方案，方案中要定出工作目标和希望的职位，描述本行业发展前景，所需要的人际环境、工作的具体程序（越具体可操作性越强）。方案订出后，拿给相应行业的朋友阅读，得到较高评价的方案是你进一步选择的依据，你可以重新思考自己的职业生涯，设定切实可行的目标。

（3）职业评估。评估可通过择业策略来反馈，更可以作为下一轮职业生涯设计的主要参考依据。成功的职业生涯设计，需要时时审视内在外在环境的变化，并且及时调整自己的前进步伐，修正目标，才能成功。

立志贵专，不可三心二意

生活中我们经常面临此类困惑：读书时候想考研、想出国、想工作，结果却没有一个能做得好；工作时候渴望高收入、渴望出人头地，却又不肯放弃清闲的生活，结果一事无成。原因是拥有太多的目标，树立太多的参考标准令人难以做出判断选择。世上没有两只走得完全一样的手表，面临众多的手表，我们要做的就是选择其中可以信赖的一只，尽力校准它，将其确认为自己的标准，听从它的指引行事。

有一次，一个青年苦恼地对昆虫学家法布尔说：“我不知疲劳地把自己的全部精力都花在我爱好的事业上，结果却收效甚微。”法布尔赞许说：

“看来你是一位献身科学的有志青年。”这位青年说:“是啊!我爱科学，可我也爱文学，对音乐和美术我也感兴趣。我把时间全都用上了。”法布尔从口袋里掏出一个放大镜说:“把你的精力集中到一个焦点上试试，就像这块凸透镜一样!”

法布尔本人正是这样做的。他为了观察昆虫的习性，常达到废寝忘食的地步。有一天，他大清早就俯在一块石头旁。几个村妇早晨去摘葡萄时看见法布尔，到黄昏收工时看到他仍然伏在那儿，她们实在不明白:“他花一天功夫，怎么就只看着一块石头，简直中了邪!”其实，为了观察昆虫的习性，法布尔不知花去了多少个这样的日日夜夜。

拉马克的父亲希望拉马克长大后当一名牧师，送他到神学院读书。后来由于德法战争爆发，拉马克当了兵，他因病退伍后爱上了气象学，想自学当名气象学家，他整天仰首望着多变的天空。后来，拉马克在银行里找到了工作，想当个金融家。很快的，拉马克又爱上了音乐，整天拉小提琴，又想成为一个音乐家。这时，他的一位哥哥劝他当医生，拉马克学医四年，可是对医学没有多大兴趣。正在这时，24 岁的拉马克在植物园散步时遇上了法国著名的思想家、哲学家、文学家卢梭。卢梭很喜欢拉马克，常带他到自己的研究室里去。在那里这位“南思北想”的青年深深地被科学迷住了。从此，拉马克花了整整 11 年的时间，系统地研究了植物学，写出了名著《法国植物志》。拉马克 35 岁，当上了法国植物标本馆的管理员，又花了 15 年，研究植物学。当拉马克 50 岁的时候，开始研究动物学。此后，他为动物学花费了 35 年时间。也就是说，拉马克从 24 岁起，用 26 年时间研究植物学，35 年时间研究动物学，成了一位著名的博物学家。

古往今来，凡是有成就的人，都像拉马克后来一样，很注意把精力用在一个目标上，专心致志，个个突破，这是他们成功的最佳方案。然而，在生活中，并不是每个人都能做到这一点。

有这样一则寓言故事：有一位师傅带着三个前来拜师学艺的学徒到沙漠猎杀骆驼。他们到了目的地。师傅问第一个人："你看到了什么？"回答道："我看到了猎枪、骆驼，还有一望无际的沙漠。"师傅摇摇头；师傅以同样的问题问第二个人，回答："我看见了师傅、其他两个学徒、猎枪、骆驼，还有沙漠。"师傅又摇摇头；师傅又以同样的问题问第三个人，他回答："我只看到了骆驼。"师傅高兴地收他为徒。故事揭示的也正是手表原理的真谛。捕猎如此、工作如此、爱情如此、人生也亦如此。德国著名哲学家尼采曾经说过："兄弟，如果你是幸运的，你只需有一种道德而不要贪多，这样，你过桥更容易些。"如果每个人都能明确选定自己所爱的，爱己所选，无论成败与否都可以心安理得；如果每个团队都能明确一个共同的奋斗目标，一致向前，就能在团队内部形成一股无形的力，勇往直前。然而，困扰很多人的是：他们被"两只表"弄得无所适从，心身交瘁；他们在茫茫沙漠中顾及到太多干扰因素而忽视了自己的目标是要猎杀骆驼。

其实对于我们每个人、每个团体而言，很多时候手中都握有两个或两个以上的手表，选择哪一块手表才是一门值得考究的学问。确立一种价值观，坚定一个目标，有所选择有所放弃，才能幸免于多个手表的困惑。在这方面，古今中外卓有成就的名人做得就非常好。

有记者问爱迪生："成功的首要条件是什么？"

他回答道："如果你有一种能够让自己的身心全部投入到同一个问题上而且不知疲倦、锲而不舍的能力，你离成功就不远了。我们每个人拥有的学习、工作、生活的时间差不多，早上 7 点起床晚上 11 点睡觉，之所以我能够取得成功，是因为他们会在这些时间里做许多许多的事情，而我只做一件，这就是区别。倘若他们将时间和精力放到同一个方向上，他们也能成功。"

奥林匹克运动会十项全能金牌获得者布鲁斯·詹纳甚至用运动器械装备

了整个寓所，以便每天提醒他去实现自己的目标。他将十项全能每个项目的器械放在他不训练时也不得不看到的地方，跨高栏是他最差的一项，他就将一个栏放在起居室的正中央，每天必须跨越 30 次；他的制门器是个铅球；杠铃就放在室外廊檐下；撑杆跳高用的杆子和标枪在沙发后竖立着；壁橱里放着他的运动制服、棉织套服和跑鞋。布鲁斯说这种不寻常的陈设在他准备奥运会夺冠的过程中，帮助他改善了竞技状态。

成功者们始终将目光集中在他们的目标上，他们常常在向目标奋进的过程中运用想象提醒自己目标所在。

你也要为你的目标创建一种经常提醒自己的方式。比如，将你确定的目标和实施计划写在便笺上或是记事本上，并将它们有计划地放置在你的家中和办公室里，使你能够常常看到它们；或者将你对自己目标和实现计划的陈述录在磁带上，在你开车、做杂务、休息或思考时播放它们。将你的实施计划编辑在你的电脑屏幕保护屏上；或者，将你首要实施的计划用装饰纸打印出来，将其悬挂在办公室、卧室的镜子上，甚至是冰箱上。这样，你的目标和计划就常常出现在你的眼前，帮助提醒你始终将注意力放在这些最重要的事情上面。

你也可以让梦想始终环绕着你，通过多种方法来建立自己的提示途径。采取什么方法并不重要，重要的是行动！布鲁斯·詹纳的方法非常具有想象力，甚至有点出格了，但它的确帮助他实现了梦想。如果你像他那样将自己的努力始终集中在你的目标和最重要的事情上面，就没有任何东西能够阻止你了。

一旦专注某种事物，人们会将自己有限的资源投入这件事物上，对于别的事物则不会产生兴趣，节约了时间和精力。这种专注能够让你的思维处于连续工作中，积极地思考必将取得好的结果。同时，专注会蓄集你全身的热忱，你的思维、你的行动会变得积极而迅速。

也就是说，对于任何一件事情，不能同时设置两个不同的目标，否则将使这件事情无法完成；对于一个人，也不能同时选择两种不同的价值观，否则，他的行为将陷于混乱。一个人不能由两个以上的人来同时指挥，否则将使这个人无所适从；而对于一个企业，更是不能同时采用两种不同的管理方法，否则将使这个企业无法发展。

在这方面美国在线与时代华纳的合并就是一个典型的失败案例。美国在线是一个年轻的互联网公司，企业文化强调操作灵活、决策迅速，要求一切为快速抢占市场的目标服务。而时代华纳的企业文化则强调在长时间的发展过程中建立起诚信之道和创新精神。两家企业合并后，企业高级管理层并没有很好地解决两种价值标准的冲突，导致企业员工完全搞不清企业未来的发展方向。最终，时代华纳与美国在线的“世纪联姻”以失败告终。

第十章 做人要低调

人生在世，凡欲成事者必须要宽容于人，进而为人们所悦纳、所赞赏、所钦佩，所以必须谦和、低调，这才是一个人立世的根基。根基坚固，才会枝繁叶茂，硕果累累；倘若根基浅薄，便难免枝衰叶弱，难经风雨。只有低调做人，才能在保护自己、融入人群，与他人和谐相处的同时，暗蓄力量，悄然潜行，在不显山不露水中成就事业。更何况，舒缓的脚步还可以从容地躲避泥泞和坎坷。这就如同是山不矜其高，并不影响它耸立云端；海不傲其深，并不影响它容纳百川；地不言其厚，但没有谁能取代其承载万物的能力。

而且谦和低调不仅仅是一种融入人群的入世姿态，还是一种宽厚待人的胸怀。谦和低调既是一种内在的修养也是一种处世风范、做人风度和感动人心的力量之源，又是一种对群体力量和人生天地间之渺小的敬畏，是生命感悟的最高境界。做人，就是要不骄狂自大、不矫揉造作、不故作呻吟、不假惺惺、不招人嫌、不招人嫉，即使你认为自己满腹才华，能力比别人强，也要学会藏拙。只有修炼到此种境界，才能于卑微时安贫乐道、豁达大度，于显赫时持盈若亏、不狂不躁，善始善终，克尽全功。

放下身段，俯身低就

古罗马大哲学家西刘斯对于成功有着独到的见解，他说:“想要达到最高处，必须从最低处开始。”对于想要追求成功的年轻人这是一个相当不错的建议。

目前，有不少刚刚走出校门的大学生自视甚高，以为有知识有文化就应该成就一番大事业。他们没有一丝奉献精神，满心都是以索取为目标。他们忽略自己已经得到的，而仰首期盼更高更远的东西，对现状也越来越不满意。

有一位名叫丹奴的年轻人，长久以来他被内心的不满和失衡深深地折磨着。一次，他在和同伴尼尔一起乘船出海时，突然豁然开朗，明白了生活的真谛。

尼尔的父亲是一位老渔民，几十年来以打鱼为生。他在渔船上从容不迫地撒网捕鱼，吸引了丹奴的注意，于是，两个人聊了起来。

丹奴问:“你每天要打多少鱼?”

老渔民说:“打多少鱼并不是最重要的，关键是只要不是空手回来就可以了。尼尔上学的时候，为了缴清学费，不能不想着多打一点。现在他也毕业了，我也不奢求打多少了。”

年轻的丹奴陷入了沉思，他看着无边无际的大海，突然想听听老人对海的看法。他说:“海是够伟大的了，滋养了那么多的生灵……”

老渔民说："你知道为什么海那么伟大吗？"

丹努表示愿意听他讲下去。

老渔民接着说："海之所以能装那么多水，是因为它的位置最低。"

位置最低！丹努突然明白了，原来大海是以其最低成就其伟大的！老人之所以能够从容不迫，知足常乐，正是因为他把要求放得很低。

现在有很多年轻人陷入迷茫和抑郁的情绪中不能自拔，就是因为不能摆正自己的位置，常常被得失成败所困扰，最要命的是他们过高估计自己的能力，经常为自己的一点成绩而沾沾自喜，夜郎自大。很多人不明白，把自己的位置放得低一些，立足现实，站稳脚跟，然后一步步登攀，才能更快更稳地到达顶峰。

要想真正把自己放低，谦虚做人是我们时时刻刻都应该注意的。

很多人将谦虚理解成不自信的表现，其实谦逊并非自我贬低、自我否定，而是另一种自我肯定，相信自己为人的正直与尊严。谦逊是成功与失败的融合，既有我们对于过去失败的认识，也有对于现在成功的期许。我们内心追求成功，但是却不能被成败得失支配。

谦逊具有平衡作用，让我们正确认识自己，既不让我们凌驾于别人之上，也不让我们过分看低自己，小看自己的实际水平。谦逊是一种宁静的心态，使我们不致受往日失败的拖累，也不致因今日的成功而张狂。谦逊是情绪的调节器，使我们保持自我本色，平静地看待得失成败。

是否谦逊也能显示出一个人品行的高低。让我们从一件不经意的小事上显现出真正的伟大与渺小，以及他所具有的实际水平。

托马斯·杰斐逊是美国第三任总统，曾在1785年担任驻法大使。当他去拜访法国外长的时候，他的谦虚有礼为他赢得了肯定和赞赏。

在法国外长的办公室里，外长问他："您代替了富兰克林先生？"

杰斐逊镇定地回答说："是接替他，因为没有人能够代替得了他。"

杰斐逊一直以谦逊、仁和的姿态出现在公众的视线中，给人们留下了深刻的印象。除了他以外，爱因斯坦和甘地等伟人也都是谦逊为怀者。他们都是生活的强者，对自己的知识、目标都充满了自信心，但是并不过高地看重自己和自己所拥有的一切。

相反，那些自以为是、不懂得放低身段的人常常夸夸其谈，却是真正没有实力和缺乏自信心的表现。

低下头，看清脚下的路

在很多情况之下，我们常常会发现脚下的路越走越狭窄，还很有几分曲高和寡的感觉。这实际上是我们自己的脚步发飘，思想不落实处所致。假如你将自己的头低下来看看脚下就会发现，其实我们脚下的路还是很宽的。

小李是一位博士，毕业后去找工作，当他在面试时拿出一大堆学位证书时，几乎所有的公司都不敢用他。为此，小李既感到困惑，又非常懊恼。经过认真思考，小李决定再去面试时收起所有证书，只以一种时下“最低身份”去求一份工作。

很快，小李被一家公司录用，做了一名很普通的程序输入员。说起来真是令人哭笑不得，“含金量”不是很高的程序输入员对小李来说，简直就是“高射炮打蚊子——大材小用”！可是小李却干得一丝不苟，严肃认真。时间不长老板就发现，小李居然能够指出程序中的错误，这可不是一般的程序输入员可以看得出来的问题。这个时候，小李亮出自己的学士学位证书。老板看后，马上给他换了个与学士学位相配的工作。

可是过了一段时间后，老板又发现这个小李时常能提出许多独到又非常有价值的建设性建议，其创新理念远比一般的大学生要高明得多。于是老板又对小李另眼相看了。这时，小李才又亮出了硕士证书。老板很快就提升了他。

时间不长，老板觉得这个人还是和别人不一样，就找他谈话，对他进行“质询”。到了这时，小李终于拿出了博士证书。老板此时才对小李的水平有了全面的认识，毫不犹豫地重用了他。

小李这种以退为进、由低到高的办法，应该说是一种高超的自我表现艺术。

所谓世界上最难战胜的敌人就是自己。如果客观环境对自己不利，不妨暂时隐藏一下，屈身俯首做退一步打算。曲径则能通幽，可以通过迂回重新找到一条生存的道路。曾为孔子之师的道教创始人老子曾经告诫世人:“不自见，故明；不自是，故彰；不自伐，故有功；不自矜，故长。”老子的意思是说，一个人不自我表现，反而会使他显得与众不同；一个不自以为是的人往往会超出众人；一个不自夸的人常常会赢得成功；一个不自负的人必将不断进步。

相反，如果到了该低头的时候却仍然不知道这一道理，那么，不仅他的道路会越走越窄，弄不好本来有可能通向四面八方的道路还会变成绝径。汉武帝时的霍氏就是一例。

汉武帝时期，霍去病、霍光兄弟分别担任大将军之职，已经成了朝廷中最为得宠得势的大臣。朝廷上下，所有人都对二人十分敬畏。

汉宣帝在登基之后，为了报答霍光竭力拥立自己做皇帝的恩德，竟然放权让霍光一人执掌朝政，并且赐给霍氏家族许多特权，从而为霍光的骄奢创造了足够的条件。霍光一家因此骄横奢侈，昂昂然不可一世。茂凌有个叫徐福的人曾断言:“霍氏必亡。”他认为霍氏的灭亡只是个时间问题。后来霍光病故，汉宣帝打算亲自执政，但霍家的人又不甘心交出大权，不愿看到既得利益受到损害，于是就密谋策划，企图废掉皇帝。然而多行不义必自毙，霍氏阴谋败露，终至全族被灭。

从霍氏的荣辱盛衰可以看出，人的一生祸福难料，入世的基调太高，即使权贵绝顶，万民朝贺，但当一朝败北，也必将落入绝境，此时的悲惨也就可想而知了。无论古今中外，这种事例一直都在重复上演着，只是可惜，能够从中吸取沉痛的教训，借以掌控自己的人少之又少。其实，任何人都没有必要、也没什么充足的理由傲视他人。低下头来，低调一点，和别人保持平等，这样更能显示出我们的修养和境界。现代人已经越来越多地认识到了这一点，在刚开始创业的大学毕业生中，就有许多这样明智的人。小高就是一例。

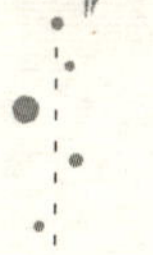

大学毕业生小高在校时成绩一直非常优异，老师、同学、父母对他的期望也很高，认为小高将来一定会有一番了不起的成就。可是，小高的成就并不是在政府机关或者是什么大的公司里，而是靠卖担担面卖出了名堂，最后居然成了当地一家很有规模的饭店的大老板。

小高在大学毕业后的好长一段时间都没有找到工作。当小高得知家乡夜市里有一个摊子正在转让时，他就向家人和朋友借钱把这个摊子买了下来。自从小高当老板以来，他的大学生身份不知招来多少不以为然的眼光，可也为他招来了不少生意。但是小高对自己学非所用以及高学低用倒是从未介怀过，用他的口头禅说就是:“放下架子，路会越走越宽!”

小高的事说明，能低下头来的人，其思考将会蕴含着高度的弹性，更不会有刻板观念的束缚。这种弹性的思考能吸收各种资讯，从而形成一个庞大的资讯库，这就是他能够得以发展壮大的无形资本。

不拿架子，融入身边人群

没有人不希望自己融入身边的人群，得到他人的认可和尊重。关键是我们能不能放下自己的架子，秉持所有人在人格上的平等，别把身分地位区别得那么清楚。但凡自以为了不起、“高人一等”的人，只能担起被周围人群彻底孤立的风险。相反，如果你能够与众人打成一片，你则会赢得人们的爱戴。

在这个世界上，没有哪个人想孤立自己，没有哪个人不愿意接受别人的爱戴。然而，总有那么一些人，他们喜欢昂起高傲的头，让自己的心神化作青烟从别人的脑门儿上游离出来，自我感觉上固然有些飘飘然，只是从此便不再给人所看重、被人所欣赏。这种人实际上既受自傲心理所累，又受自卑心理所困，在与社会的融合方面，这倒是和想刻意打扮自己、以示与众不同的人效果是一样的，都不会获得好的结局。

要想走出高傲自大的误区，树立自己良好的社会形象，首先一定要学会真诚地关心他人。在这一点上，曾任美国总统的西奥多·罗斯福可以说是个积极的实践者。

罗斯福深受其仆人的拥戴。比如他的那位黑人男仆詹姆斯·阿默斯就曾写过一本关于他的书，取名《西奥多·罗斯福——他仆人的英雄》。詹姆斯·阿默斯在书中曾经写了这样一段富有启发性的话:“我妻子有一次问总统关于鹑鸟的事，因为她从未见过鹑鸟，于是总统详细地描述了一番。不久以后的一天，我们小屋里的电话铃响了。我妻子拿起电话才知道是总统本人打来的，他特意来告诉她，我们屋子窗口外面正好有一只鹑鸟，如果她往外看，就能看到。罗斯福时常做这类小事。每次他经过我们的小屋，如果看不到我们，他就会轻轻地叫着‘呜、呜、呜，安妮！’或‘呜、呜、呜，詹姆斯！’这是他表示友好的一种招呼习惯。”

从这件小事可以看出，罗斯福是怎样地一个人。仆人怎么会不喜欢一个像他这样的人呢？不仅是仆人，几乎所有人都喜欢他。

有一天，卸任后的罗斯福到白宫去。不巧的是，这天塔布托总统和夫人都不在。这个时候，罗斯福那种似乎与生俱来的真诚对待身份卑微的人的谦逊态度又一次完全体现出来了：

他和所有还在白宫的旧仆人打招呼，而且能准确地唤出每一个人的名字，就连厨房里一个做面点的姑娘也不例外。当罗斯福见到厨房的阿丽丝时，亲切地问她是否还要烘制玉米面包。阿丽丝说有时只是为仆人烘制一些，因为楼上的人都不爱吃。

“他们的口味太差了。”罗斯福竟颇为不平，“等我见到总统的时候，我会这样告诉他。”

阿丽丝高兴地端出一块玉米面包放在盘子上呈给罗斯福。罗斯福一面吃着玉米面包，一面向办公室方向走去。在经过园丁和工人的身旁时，罗斯福一直不停地和他们打招呼……

“他对待每一个人，还和以前一样。”仆人们在互相低声讨论着。其中一名叫艾克·胡佛的仆人眼中含着泪水说道：“这是近两年来我们唯一的愉快日子，我们任何人都不愿拿这个美好的日子去换一张百元钞票。”

从罗斯福身上我们看到，大人物之所以能够成为大人物，就是因为他们永远不会受到周围人的孤立。另外，对别人的事情感兴趣，或者把别人的事当成自己的事，也会使别人对自己更加感兴趣。这种关心别人

的博爱之心，也使得查尔斯·伊里特博士成为有史以来最有成就的一位大学校长。

查尔斯·伊里特博士从美国南北战争结束后到第一次世界大战前五年，就一直担任着哈佛大学的校长。伊里特博士做人做事的原则，从下面的事例中不难看出：

一天，有一个名叫克立顿的学生到校长办公室去借50美元的学生贷款。这笔贷款当即就被批准了。克立顿自己这样叙述说："当我万分感激地致了谢正要离去时，伊里特校长说：'请再坐会儿。'然后他对我说：'听说你在自己的房里亲自做饭吃，只要你所吃的食物适当、分量足够，我并不认为这是坏事。我念大学时也这样做。你做过牛肉狮子头吗？如果把牛肉煮烂，就是一道好菜。因为不会浪费。我当年就是这样做的。'然后他就耐心地教我怎样做牛肉狮子头吃。"

从查尔斯·伊里特博士关心学生这件事上使人感到，这是一位何等慈祥可亲的长者！他的学生，乃至于其他人，能不爱戴这样的人吗？然则，他的校长生涯难道不是成功的吗？如果说性格决定事业成败的话，那么心胸将决定着事业的发展。罗斯福总统和伊里特博士的性格与心胸，足堪学鉴。

要想做到这些，就首先必须保持低调，将你的关心与友谊真正奉献给你周围的每一个人。不管你是一位功成名就的成功人士，还是一个普普通通的人，只要你能够做到这一点就会发现，你已经建立起一个不错的人脉网了。

收敛自己的锋芒

人们常用锋芒毕露来形容一个过于自信和表现的人。锋芒本意是刀剑的尖端，就像人们显露出来的才干。没有锋芒的人，有时会被看做是无能和软弱的。应该说，有锋芒是好事，是个人立世的前提，事业成功的基础，但任何事情都是两面的，锋芒可以显示出一个人能力，也会彰显出一个人的杀气。因此，应该小心谨慎对待自己的锋芒，发挥出它的积极作用。

现在是一个追求个性张扬的时代，有自信、有能力是一件好事。但是不可否认，当你处事不留余地，待人咄咄逼人，有十分的才能与聪慧，就十二分地表现出来，把个性发挥到极致的时候，并不是那么受欢迎。这样的个性反而会让你在人际交往中吃尽苦头。

大学生小舟一毕业即分配到某矿务局工作，可以算是一个幸运儿了。可是他并不知足，刚来就对单位这也看不惯，那也看不顺。未到一个月，他就按捺不住自己张扬的个性，交给单位领导了洋洋万言的意见书，上至单位领导的工作作风与方法，下至单位职工的福利，一一列举了现存的弊端，提出了周详的改进意见。本来这样做是出于好意，既是为了帮助企业发展，也是为了突出自己的能力。但是事与愿违，他的意见书不仅不被采纳，还被单位掌握实权的领导视为“自大狂”乃至“神经病”，同事对他也都敬而远之。无奈之下，他只好离开了这家单位。随后的两年内，他的个性依然如此，以致频频跳槽，而且是一个比一个不如意，他对工作和生活牢骚更甚，意见更多，却从来没有思考过自己的问题。

可以说，小舟是典型的锋芒毕露者，应该说他是很有能力的，但是却不知道该如何发挥这样的能力，因为他不懂得与人交往的规范和尺度，不懂得如何在保全自己的基础上施展才华。这一类的人也许会在一次次碰壁之后发现自己的不足，但是同时也是在一次次地失去唾手可得的发展机遇。随着时光的流逝，这种人往往不是因拥有锋芒而走向成功，而是在一次次打击中被逐渐磨去了锋芒，成为毫无棱角的钝器。他们只能离成功越来越远了。

很多年轻人都会在初入职场的时候犯下类似小舟的错误。这样的错误虽然并不严重，但却足以让一个风华正茂的年轻人陷入被“雪藏”的境地，很长一段时间不能施展才华、打拼事业。所以，有些过失是不可弥补的。应该多从别人的身上吸取教训，让自己的道路走得更加顺畅。

如何巧妙地将自己的锋芒隐藏起来，也是一门精深的学问。

世界“时尚之都”巴黎一直以浪漫著称，满城的鲜花也是它的特色。巴黎每天都以其美丽和古老的欧洲文明迎接着来自世界各地的游客。

一位来自美国的阔太太来到这座城市游览，被城市里美丽的鲜花和园艺设施所折服。她漫步在林荫道和草坪中，忽然看见一位老园丁正在一丝不苟地打理花园的草木。阔太太在美国有一座私人花园，一直找不到称心如意的园丁来打理。她想，这位法国老头儿真是百里挑一的好园丁。在美国恐怕出高价也很难找到，现在既然有幸碰上了，一定要聘请他到美国去。

于是她找到这个老园丁，承诺给他高于法国三倍的工资，邀请他到美国去做她的私家园丁。为了说服老园丁，这位阔太太又把美国狠狠地吹嘘了一番，仿佛那儿遍地是黄金，人人去了都能发财。

“夫人，”老园丁很有礼貌地回答说，“真是不巧得很，我还有另外一个职务在身，一时离不开巴黎。”

“不管是什么工作，你统统辞掉吧！我都会给你补偿的。你除了园丁，还兼职干什么工作呢？是兼营副业？送牛奶还是养鸡？”

“都不是，”老园丁微笑着说，“我希望人们下次不要再选我，我就好来接受你给的美差了。”

“选你做什么呀？”

“选我当……”

“你是……”

“我就是安里，我这个园丁兼着法国总统。”

堂堂一位法国总统，竟然将自己该有的大人物的锋芒藏得如此滴水不漏，让人不得不为他表示赞叹。

锋芒毕露的结果通常不能给自己的成功加分，反而会把自己逼到绝路上去，因为锋芒毕露时，不仅把自己的优势显现出来，同时露出的还有自己的劣势。所以，一位成功者首先应该学会的是隐藏自己的锋芒。

大争不争，从容面对

有一天，在一条只能通过一个人的山路上，一只狮子和一只老虎相遇了。在路边，就是悬崖绝壁。狮子和老虎一直以来都认为自己就是兽中之王，从来谁都不买谁的账，这回狭路相逢，更是机会难得，大有拼个你死我活之势。两只猛兽怒目对视，弓身欲发，毫无半点退让之意。狮子心想：过去，你这只可恶的老虎总是想和我争夺兽中之王的位子，我一直都急于找吃的，没来得及好好收拾你，今天在这种地方碰见你，我岂能示弱，否则本来就属于我的百兽之王的名声不是白白地送给你了吗？老虎也在想：你个小小的狮子不自量力，还想和我老虎争夺百兽之王的地位？今天要是我一让开，一旦其他动物知道了，我这兽中之王的美名岂不是从此威风扫地了！老虎扭头看了看小路下边的万丈深渊，心中陡然生出几分胆怯。它寻思着，要是和狮子硬拼，先不说有没有把握战胜它，我在山中这么多年，如此陡峭的山路还是第一次碰到。在这样的地方，只要谁敢稍稍一动，一旦落地不稳，那就意味着自取灭亡。但是，人类常说“狭路相逢，勇者胜”。为了保住兽中王位，为了尊严，今天我老虎拼了！

就在老虎纵身一跃的同时，狮子也腾空而起，两只巨大的身体在半空中猛然撞击在一起了。可怜两个愚笨的家伙为了争一时之气，互不相让，大动干戈。只这一个回合，就翻滚着双双坠入悬崖之中，幽深的谷底传来阵阵悲惨叫声……

寓言所蕴含的道理是深刻的，告诫人们：凡事要用理智来约束和指导行动，对于无原则的纠纷，该让的还是应该毫不犹豫地谦让。在现实生活中，好多人不见得比寓言中的狮子老虎聪明。这些人遇事时该忍的不忍，该让的不让，逞一时英豪，最后还不都是危及自身了吗？

在这一点上，中国历史上的大智者老子说得非常好。老子说：“夫惟不争，故天下莫能与之争。”老子这句话的意思就是说，恰恰就因为不与人相争，所以普天之下也就没人能够与他相争了。这难道不是做人做事的大智慧、大哲学吗？

对于绝大多数人来说，真正能够参透这一处世准则的人并不多。其实说到底，还是人类自身固有的劣根性在作祟。由于受到名利权位这些利益的驱使，一事当前，人们常常忘乎所以，巴不得立刻吞了对方。可到头来怎么样呢？这些争得你死我活的人，还不是大都落得个遍体鳞伤却两手空空的下场，有的甚至身败名裂，命赴黄泉。

当然，所谓不争，并不是消极混时，放弃所有的理想，而是应该将情感的蔓延掌控在理性的框架之内，使自己的精神境界更为高尚，使行动更具有原动力。中国历史上就有深谙此道并获得成功的人。

三国时曹操的长子曹丕虽为太子，但是其次子曹植则更有才华，文名已经誉满天下，也很受曹操的器重。有鉴于此，曹操便产生了另立太子的念头。

曹丕得知父亲要换太子的消息后十分恐慌，急忙向他的心腹大臣贾诩讨教。贾诩献计说："愿您有德性和度量，像个寒士一样做事，兢兢业业，不要违背做儿子的礼数，这样就可以了。"曹丕听了贾诩的话，认为他说得很对，并积极落实到自己的行动当中去。

有一次曹操要率兵亲征，曹植利用大军云集的机会，高声朗诵自己做的文章为父亲歌功颂德，目的是为了讨父亲的欢心，同时也为展示自己的才能。可是此刻的曹丕却伏地大哭起来，并跪拜不起，哽咽得一句话也说不出。曹操看了忙问他怎么回事，曹丕便带着哭腔对父亲说："父王年事已高，还要挂帅亲征，作为儿子心里又担忧又难过，所以说不出话来。"

曹丕一言既出，竟使得满朝肃然，人人都为太子的仁孝而感动不已。相比之下，大家反倒觉得曹植只知道给自己扬名，华而不实，连基本的孝道都不放在心上，这实在是有悖人子孝道，假如作为一国之君的话，恐怕是难以胜任的。虽然文章写得再好，却不能全然代替治国安邦之策。看来还是应该"按既定方针办"，太子就还是原来的太子。等曹操死后，曹丕也就顺理成章地登上魏国皇帝的宝位。曹丕以不争之争保住了太子之位。

这些故事证明了：不争者终将赢得天下。这一哲理对于我们今天的社会也许更为适用。因为在我们这个社会，每天都在发生着追名逐利的事情。为了名和利，人们绞尽脑汁，极尽机变百出之能事，人为的圈套、自然的陷阱、意外的伤害，这些都在合力形成一个巨大的漩涡，暗流翻涌，潜礁壁立，把无数人卷进险象环生、生命不保的境地。

针对这样的现实，最聪明的做法是，迅速远离它！远离漩涡的人，才会首先登上成功的彼岸。而远离，就是不争，更是大争。

不显山不露水

世界上成功人士很多，或者富有高贵，或者大智大慧。当我们研究他们的方方面面时就会发现，这些人大多过着不显富贵，支出有度的生活。不仅仅是他们本人深谙隐炫之道，他们还要求家族也必须遵循这一处世原则。

美国石油大王洛克菲勒是人所共知的全世界第一个拥有资产 10 亿美元以上的富翁。作为第一富翁，洛克菲勒的家庭生活水平自然是远远高于普通人家，甚至胜过美国一般的贵族家庭。尽管洛克菲勒如此富有，但他对儿女们的零用钱始终管束得很紧，从节俭的生活习惯中，足可以看出一代富豪不张扬挥霍，隐炫含富的处世哲学。

洛克菲勒规定了孩子们零用钱因年龄而异的具体标准：7、8 岁的孩子每周给 30 美分，11 岁的孩子每周给 1 美元，12 岁以上的孩子涨到 2 美元。每人每周发放一次，并发给每人一个账本，要求他们清清楚楚地记录所有开销，以便于在领钱时审查。凡是钱账清楚，用途正当的，下周在发零用钱时就递增五美分，反之就要递减。洛克菲勒还允许做家务活可以得适当的报酬，用以补贴每个人的零用。例如：逮苍蝇、逮耗子、背柴、垛柴、拔草等等，各得若干。在这一机制的激励下，孩子们都抢着干家务活。直到后来，已经当了副总统的二儿子纳尔逊和兴办新兴工业的三儿子劳伦斯还曾经主动要求两人合伙承包替全家人擦鞋的活，并细化定则为皮鞋每双5美分，长筒靴每双10美分。

在第一次世界大战期间，由于物资匮乏，洛克菲勒全家老小都在各自吃配给的份额，连在烤蛋糕时也要儿女们交出等量的食糖。儿女们在外出上大学期间，洛克菲勒规定他们的零用钱要与一般同学不相上下，假如有额外用途，必须事先另行申请。严格的规定，使得喜欢吃喝玩乐、交女朋友的四儿子温斯格普有一次欠账还不上，只好向大姐巴博借钱去救急。

洛克菲勒对家人的花销用度向来是严格的，在培养大家俭朴生活方面，就连对唯一的女儿也毫不放松。有一次，洛克菲勒发现女儿巴博在吸烟，就竭力劝她戒掉。洛克菲勒严肃地告诉她，如果不能戒掉烟瘾，就不会再给她奖金式津贴了。

大富翁洛克菲勒之所以要这样做，就是因为他知道富人进天堂，要比大骆驼穿过小针孔还难，“今天的许多孩子有一种倾向，走最容易的路，走阻力最小的路”。洛克菲勒家族繁衍至今，并能够保持平安兴盛，也几乎没什么人对他们心存嫉恨或口出恶言，这和洛克菲勒一贯倡导推行的世代俭朴、为人低调的家风有直接关系。

中国人在这方面更是不乏其例，从古到今，有许多令人深思的人和事。曾国藩就是其中一个。

曾国藩是农家出身，所以他一直不忘勤俭节约的家风，就是后来身居高官的显耀时期，也从不敢有半点奢侈。在几十年的为官生涯中，曾国藩“不敢稍染官宦气习，饮食起居，尚守寒素家风”。他对于衣食住行的一贯

态度是“极俭也可，略丰也可，太丰则吾不敢也”，吃的清苦，穿戴也不讲究。当时有的人以数千金购买衣物，可是像他这样的高官，竟然“所有衣服不值三百金”。曾国藩喜欢喝茶，但是却很节省，他时常请人带钱回老家，让家里人替他在家乡买来既便宜又好的茶叶带到军营里来。

曾国藩不但自己勤俭，更严格要求家里人也应当勤俭，并且“时举先世耕读之训，教诫其家”。曾国藩在率军驻扎安庆的时候，他的夫人亦随在军中。曾国藩要求夫人每日纺棉纱，“以四两为率，二鼓后即止”。夫人也很自觉，经常是纺纱直至深夜。有一天夜里，夫人纺纱甚是投入，不觉已到了三更，长子曾纪泽这时已经躺下。夫人恐纺车声影响儿子睡觉，夫人便对儿子说：“今为尔说一笑话，以醒睡魔可乎？有率其子妇纺至深夜者，子怒詈，谓纺车声聒耳不得眠，欲击碎之。父在房应声曰：吾儿可将尔母纺车一并击之为妙。”儿子听罢，一点也没有怨恨母亲的意思，反而更敬重母亲了。第二天早饭时，曾国藩突然故作生气地问：“何日让儿击纺车？”是以引来哄堂大笑，据说“坐中无不喷饭”。

为了保持勤俭持家的作风，曾国藩对子女们的要求一向尤为严格。他曾无数次苦口婆心，教育子女们勤俭治家。他曾多次强调：“吾家子侄，人人须以勤俭二字自勉。”并反复为子女们讲述其中的道理：“一家能勤能敬，虽乱世亦有兴旺气象；一身能勤能敬，虽愚人亦多有贤智风味。”“勤俭自恃，习劳习苦，可以处乐，可以处约，此君子也。”曾国藩经常以祖辈勤俭治家的事迹来勉励子女坚定地保持俭朴之风，并说“今家中境地虽渐宽裕”，但“切不可忘却先世之艰难。有福不可享尽，有势不可使尽。勤字工夫，第一贵早起，第二贵有恒。俭字工夫，第一莫着华丽衣服，第二莫多用仆婢雇工”。“居家之道，唯崇俭可以长久，处乱世尤以戒奢侈为要义”。

曾国藩所奉行的就是不彰显福贵的隐炫之道。

像野草那样默默地生长

大草原上最不缺乏的就是野草，它们不为人所注意，但就在默默无闻中，形成了整片草原。

有的人信奉低调，有的人被迫低调。人生的很多时刻都是要我们默默成长的，不会有太多的人注意你、帮助你。在这个时候，你没有感慨世态的权力，甚至连说话的权利都已经被剥夺了，你能够做的就是埋头做事。坚持，是这时的唯一资本。

作为茫茫人海中的一员，我们大多时候和这些野草的处境相似。一个刚刚从大学毕业的学生，在进入一个层次分明的公司机构后，必须要从最细微的琐碎事做起，没有人可以为你提供帮助，因为所有人都有自己的事要忙，你得不到关注，也没有表现自我的机会。你甚至会发现，从平常的待人接物到办公决策，你都要自己留心注意，这里主张自学成材。你可能会对你的处境表示不满。但事实上，这时候怨天尤人不是好的解决方法，你唯一的选择就是埋头努力。

有这样一个故事：

亚里士多德的一个弟子常常抱怨自己不为人们所重视，他的才华不为人们所看到。他觉得那些掌权者并没有他的能力强，但却能锦衣玉食，而自己只能粗茶淡饭。苦闷中，他向自己的老师求助，讲出了自己的烦恼。亚里士多德听后没有说话，而是领他到了海边。亚里士多德捡起一块鹅卵石，抛了出去，扔到了一堆鹅卵石中。

亚里士多德问:“你能把我刚才扔出去的鹅卵石捡回来吗?”

“我不能。”弟子回答。

“那如果我扔下一粒珍珠呢?”亚里士多德再问，并别有深意地看着弟子。弟子顿时恍然大悟。

我们大多人开始时都不过是一枚平淡无奇的鹅卵石，你没有权力抱怨不被注意，因为你的价值不足以引起人们的注意。面对这种情况，你要做的就是努力提升自己的价值，只有成为珍珠，你才能引人注意。

在默默无闻中坚持，你总有长成参天大树的那一天。

当然，坚持和等待并不意味着你就可以毫无压力地混日子，而是要把你为实现目标而进行的努力渗透到生命之中。碌碌无为地混日子只能使你一事无成。如果你的客户对你不闻不问，那么就给他一个微笑，一句问候。他对你的印象会随着你的努力逐步加深。不要小看这些看上去微不足道的努力，因为它们就像是星星之火，足以一点点瓦解了对方心头的拒绝。

所以，不管是主观意愿还是形势所迫，我们都要记住，先埋下头去，有什么话，等你变得理直气壮、掷地有声时再说。

不多计较，难得糊涂

俗话说，聪明反被聪明误。人生在世，聪明有时未必是好事，对于有些事情，聪明完全派不上用场，有时非但派不上用场，可能还会弄巧成拙。人世纷繁复杂、人心变幻莫测，有时候要懂得装傻充愚才能化解危机，保全自己。“睁一只眼闭一只眼”说的也是这个道理。在有些场合，你的精明非但不能帮你解围，还可能会使周围的环境变得更加复杂。换一种说法，有时候假糊涂就是一种真聪明。因此，郑板桥先生的至理名言“难得糊涂”其实是一种难得的境界。

所谓“难得糊涂”并非一般人所理解的那种毫无原则、稀里糊涂地做人，而是一种做人的智慧。在有些苦难面前，抱定“难得糊涂”的态度，在生活中就能焕发出一种生命的韧性。这种韧性，可能使人生表现出“举世誉之而不加喜，举世非之而不加沮”的信念。

郑板桥先生是“糊涂学”的集大成者，他留给我们的不光是“难得糊涂”四个大字，他关于为什么糊涂、怎样糊涂有着非常高深的见解。“聪明难，糊涂亦难，由聪明转入糊涂更难。放一着，退一步，当下心安，非图后来福报也。”意思是说，做人过于聪明，无非想占点小便宜；遇事装糊涂，只不过吃点小亏。吃亏是福不是祸，往往有意想不到的收获。“饶人不是痴，过后得便宜”，歪打正着，“吃小亏占大便宜”。有些人只想处处占便宜，不肯吃一点亏，总是“斤斤计较”，到后来是“机关算尽太聪明，反误了卿卿性命”。郑板桥说过:“试看世间会打算的，何曾打算得别人一点，真是算尽自家耳!”

郑板桥先生不仅学问高深，胸怀坦荡，心地也十分善良，以个性“落拓不羁”闻于史。他在给朋友的信中说:“愚兄平生谩骂无礼。然人有一才一技之长，一行一言为美，未尝不啧啧称道。囊中数千金，随手散尽，爱人故也。”以仁者爱人之心处世，必不肯事事与人过于认真，因而“难得糊涂”确实是郑板桥襟怀坦荡的真实写照。

之所以说糊涂难，难在人私心太重，自我一执，徒觉世界太小。当今社会，金钱挂帅，很多人眼前只有名利，不免对事对物斤斤计较。《列子》中有齐人攫金的故事，齐人被抓住时官吏问他:“市场上这么多人，你怎敢抢金子?”齐人坦言陈辞:“拿金子时，看不见人，只看见金子。”尽管听起来有些可笑，但是不得不承认这就是人性的弱点，一旦迷恋私利，心中便别无他物，唯利是图，用现代人的话说就是：掉进钱眼里去了!

“糊涂”不仅能让人看淡得失，达到心气平和的境界。很多聪明人还会适时地表现出“糊涂”的一面，化解生活中的危机。

因此说，聪明与糊涂是人际关系范畴内必不可少的技巧和艺术。能够做到“明知故昧”绝非易事，如果没有高度涵养，是断乎不行的。能够把握好何时清醒，何时糊涂，才是领会到“糊涂学”的真谛。

藏拙胜于炫巧

《红楼梦》中的薛宝钗不仅是公认的美人，也被认为是大观园中最会做人的女子。她八面玲珑，处处讨巧，却又不像王熙凤那样锋芒毕露，招人怨妒。其中懂得“藏拙”是她做人的成功之处。生活对人的要求是复杂的，一方面，我们必须要有真本事才能在社会立足；另一方面，有了真本事又不可轻易外露，以免招致嫉妒和打压。所以，要想自己的才华得以施展，并不是到处张扬自己的本事，而是要懂得适时地展现自己，发挥才干。

社会上有这样一个有趣的现象，就是真正富有的人往往十分低调，不愿意露富，而那些大讲排场、办事铺张的人未必是真的有钱。因为聪明的富人有着强烈的自我保护意识，以免被人妒忌陷害。因此，一个真正有本事又足够聪明的人也应该懂得要将自己的本事藏起来。

河南省有一位闻名遐迩的武术教练，由于他培养的许多弟子都在武术界有所建树，因此不断地有慕名而来找他拜师学艺的青年。由于年迈体弱，老教练在 60 岁之后退出了专业教练的职务，可是依然有许多热爱武术、渴望成名的年轻人前来拜师，令他不厌其烦。

老教练以身体不适为由谢绝所有前来拜师的学生，因此他得罪了几家邻居，甚至他的一个亲侄子也不理他了。不得已之下，他花钱租了一间体操练习房，办了一个 20 人的学习班。可这根本满足不了需求。每到上课时间，这间体操房里外都是人。而且他们家在半夜以前总有电话声，拿着朋友书信拜访的人，拎着礼物来拜师的人，揣着钱前来要求学武的人络绎不绝，他根本无法休息。

无奈，他只有采取躲的方式摆脱这种困境，于是他匆匆地搬了家。可是依然躲不掉满心狂热的拜师者，不断有人按图索骥找上门来。而且几个老朋友纷纷责怪："怎么搞的，我们家的电话成了找你的寻呼台了，整天电话声不断。烦死人了。"

为了彻底避开前来拜师的人，老教练决定回老家山东隐居起来。可好景不长，不到一个月，他又被拜师者找到了。一天，老教练与老伴在花园遛弯儿，猛然有四名青年跪在老教练面前拜师，老教练又惊又气，立时昏迷了过去。四个青年连忙打车将教练送到医院。经过医生诊断，老教练并无大病，只是一时惊吓所致。后来，这四个青年被打发走了。可是，只要老教练依然健在，像他们这样青年今后还会再次找上门来。

老教练的苦恼我们体会不到，但是俗话说，"人怕出名猪怕壮"，我们常常看到名人人前的风光无限，但是他们的不自由和无奈是我们看不到的。因此，适当的隐藏能够帮助我们避免许多不必要的麻烦。

小王大学毕业后被分到一家研究所，从事标准化文献的分类编目工作。他是科班出身，认为自己比其他同事更专业，更有能力。刚上班时，领导非常重视他，摆出一副"请提意见"的虚心姿态，让他一度受宠若惊。于是他鼓足干劲，认真调研，立马对工作提出了不少意见，领导表示非常满意，也没人反驳。很长一段时间，小王都沉浸在自己的"成就"当中。可是他的意见并未得到实施，一年中，领导竟也没给他安排什么具体工作。

正当他摸不着头脑的时候，一位同情他的"阿姨"悄悄对他说："年轻人，我当初也同你一样，为了发展，你还是换个单位吧！因为在这儿你已经把所有的人都得罪了。”小王无奈，在一段时间后，他调走了。令他不解的是，领导在他走的时候还说：“太可惜了！我真不想让你走，我还准备培养你当我的接班人呐!”“太可惜”这三个字的意思是什么，小王至今都百思不得其解。

深藏不露是聪明之举，但是很多人并不了解其中的奥妙，尤其是初出社会的年轻人，他们都鼓足干劲，力争上游，恨不得使出全身力气去拼一个未来，又怎么会懂得将聪明和本事适当地藏起来呢。他们往往会在团体中表现得太拔尖、太露骨，为此而遭受一些自己不好也见不得人好之徒的嫉恨，陷入了“众口铄金，积毁销骨”的被动境地而不自知。

得意切莫忘形

李白说：“人生得意须尽欢。”这话固然狂放洒脱，很是误导了不少人，很多人在得意忘形之时也常以此句为自己辩解，其实仔细思量，一点意思也没有。很显然，李白的一生之所以不得志，岂非正是在于他过于高调乎？

三国时的马超原来是东汉名将马援的后代，曾经和曹操、刘备的大军交过手，每次都不分胜败，可以说得上是一员不可多得的猛将。刘备招降他之后，对他是相当地赏识，时间不长就任命马超为平西将军，还册封他为都亭侯。

马超受到了刘备的如此礼遇，就开始自命不凡起来，每日里志得意满，自觉已经成了刘备的知己、手足，因此也就不太在意君臣应有的礼节了。就连和跟刘备说话时也不怎么避讳名字了，左一个“玄德”，右一个“玄德”地叫着。他的这些举动，让那些与刘备一起打拼多年的人听起来很刺耳。

关羽很想一刀杀了这个不知天高地厚的小儿郎，但是刘备不同意。这时，粗中有细的张飞说道：“如果不杀他，也要教教他怎么懂点礼节，让他知道注意点分寸！”

第二天，刘备便召集所有部将开会，关羽和张飞也都刻意提前到达会场。两人各自持刀，庄严肃穆地恭立两旁，故意制造出君臣关系不可逾越的庄重气氛，看起来异常严肃。

马超进帐一看，见“前辈”关、张两员大将都直挺挺地分立在两旁，连坐都没坐。聪明的马超立时恍然大悟，心想：凭关羽、张飞两人的身份和地位都不敢造次，自己勉强算是一介“新贵”，可这能算老几呀？于是，马超很是尴尬地悄悄退到了一旁。从这之后，马超就再也不敢太过张扬了。马超及时审时度势，调整了自己的心态和做法，这使他最终真正成了蜀汉朝中不可或缺的大将。

人生都有得意的时候，我们在享受成功喜悦的同时，居安思危乃是必不可少的内省内修之道。至少，我们不能得意忘形。职场中的许多情形都说明了这个道理。

记得有位企业家曾经这样说过：“当你经过千辛万苦使你的产品打开市场的时候，你最多只能高兴五分钟，因为你若不努力，第六分钟就会有人赶上你，甚至超过你。”

当你因为被上司提升或嘉奖而自鸣得意的时候，你脑子中的另一根神经一定要紧绷起来，让这根紧绷的神经再次提醒你：压制兴奋，修炼涵养。你应该知道，你所拟定的一生计划是非常伟大的，可是在你还没有达到这个既定目标之前，途中的任何一次升迁都不是稳固的，也是无关紧要微乎其微的小事。有些时候，在你准备实行一个计划时，刚刚一着手就有可能大受他人的赞美和夸奖。对于这样的声誉，你必须一笑置之，不应在意太多，而是应该埋下头去，踏踏实实地干些实事，直到隐藏在你心中的既定目标彻底完成。而这个时候人家对你的惊叹，将远不是当初的赞誉和夸奖所能比得上的。

美国的汽车大王福特曾经说过这样的话:“一个人如果自以为已经有了许多成就而止步不前，那么他的失败就在眼前了。许多人一开始奋斗得十分起劲，但前途稍露光明后，便自鸣得意起来，于是失败立刻接踵而来。”

当人生处在顺境之中和得意之时，最容易产生得意忘形、自我膨胀的心理泡沫，这往往就是导致败象滋生，乐极生悲的根源。看过特洛伊战争中“木马屠城”故事的人，都应该记得特洛伊是怎样在毫无知觉的狂欢中被毁灭的。

特洛伊人和入侵的希腊联军作战时，联军中有人献计：现在我们假装全部撤退，只留下一匹木马，将众多勇士藏在巨大的木马腹内，其他的主力部队也要隐蔽在附近。久战的特洛伊人望着远去的希腊舰队，以为入侵之敌真的全线撤退了，于是就在毫无防备的情况下，将那些希腊人留下的木马作为战利品拖入城内。联军已经撤退，又缴获了这么多战利品，特洛伊人高兴之极，整夜歌舞狂欢，饮酒作乐。就在特洛伊人酣睡在美梦中时，大木马中的勇士们扭动机关纷纷跳出，迅速打开城门，与外面潜伏的联军里应外合，特洛伊城终于被希腊联军踩在了脚下。特洛伊就这样灭亡了。

以史鉴人，这个故事中所包含的教训，很值得现代人咀嚼玩味。老子说“福兮祸所伏”，得意之时不要高兴太早，高兴太早就会疏于防范，疏于防范失意就会马上到来。但假如失败了也不必灰心丧气，因为老子还说“祸兮福所倚”，危机也是转机，失败的后面就是成功。遇挫咬牙，坚忍自强，锻造比逆境还要强硬的性格，逆境就会过去，就会雨过天晴，前程一片光明。

有的人因为连逢顺境而甚感欣慰，愉悦之情不时流于言表。但是实在不能光顾高兴，应该好好想想怎么才能维持住这样的好运，以取得人生价值的最大化，取得最后的成功。

低调做人不是低人一等

作为一种生存的境界，一种做人的姿态，低调，不再有得意时的轻狂散漫，也摒弃了失意时的奴颜婢膝。低调的人生，宠辱不惊，恬淡隐忍，任凭世间风起云诡，只是目观于鼻，鼻观于心，心止于境，正所谓“任汝狂涛乱世，吾人处之泰然”。这本是一种大感悟、大境界，是一种平视千山的成熟之道。很显然，这里的“低”并不等于“低人一等”。这种“低”恰恰就是心境的澄澈，是心态的坦然。

一个人可怕的就是不能正确看待自己，而看低自己尤其可怕。如果认为自己总不如人，就很容易陷入低人一等的精神泥淖。心有所想，言行中就会表现出来，越表现就越是显出一副卑怜相，从而在无形中给自己制造心理陷阱，直至不能自拔。从人格意义上讲，世界上的一切人都是平等的。生活中本来双方平等的人际关系，就因为自卑心理在作怪，竟然一下子把自己降到了低人一等的品级上了。这样的为人方式、处世原则，消极低调，每每遇事，必败无疑。低调是一种保持与群体互动的方式，是一种在任何形势下都不会轻视自己的心境，是一种维护生命本真的心理气场。而“低人一等”的心态，则是导致人坠入误区的罪魁。

比如说，你为了谋求一份职业而去拜访某大公司的经理，这时你先要明白一个原则，那就是：虽然此去拜见的可能是一位身份和地位都很高的人物，而且又是你有事情求他，但是这里面存在着一个不易察觉的因果律，就是说求不求在你，而答不答应则在他，从逻辑上来说，他仍是被动的。此刻，你需要迅速调整好心态，比如先在心里把“求”字换成“找”字，以平常心待之，迫使自己的感觉处在一种适宜的状态之中。

要想保持低调，但又不落入低人一等境地，最主要的是应该克服自卑心理。克服自卑心理首先必须正确认识和分析自我，正确认识自己的长处和短处，清楚自己的优点和缺点。在完成准确科学的自我定位后，用自己的长处去比别人的短处，就可以强化你的自信，你就会信心十足。这叫以己之长，比彼之短。一个多数人都能接受的观点是，不要拿自己的短处去比别人的长处，这会对“士气”很不利。即使你有什么短处，也可以通过积极的努力，把它变为长处的，又有何悲叹呢？

李白诗说：“安能摧眉折腰事权贵，使我不得开心颜！”当你面对“权贵”时，不卑不亢谓之低调——也只有不卑不亢，才不会被那些人轻视。否则，你自己就先败下阵来。在这里，那句“世界上最难战胜的敌人就是自己”的话，有着很大的借鉴意义。所以，只要我们将心底里那份可悲的胆怯收起来并扔出去，充分显示出足够的自信来，就可以从容不迫，游刃有余了。

有很多人也知道应该低调做人这一道理，但他们有时无法将低调做人与低人一等这两者有效地区分开来。难道低调就是低人一等吗？答案是否定的。

做人做事低调的人，总是显得老实厚道，柔弱退让，常常给人一种懦弱的感觉。况且如今，低调也变成了“无用”的别名，“懦弱”的标志。其实，低调绝不是无用，也不等于懦弱，反而是聪明持久的象征。低调才能成就大事，才能保全自己，战胜他人。

“术”存“道”亡，彼此使诈，以暗算代替友情，自以为得逞，实则自断人脉；为了不当废物而投机取巧，自以为聪明，实则愚蠢；为了不当笨蛋而逞强斗胜，自以为凯歌高奏，实则自我迷失。浅薄的杂耍，无知的闹剧，争来斗去，到头来是大家都挖了自己的墙脚而已。遍观古今中外，只有那些隐忍负重的人，才最终实现了生命的价值。

低调不等于消极避世

低调是处世的一种有效方法。但低调得过了头往往会产生另一种心态——消极。消极的心态就像一条啃啮心灵的毒蛇，不仅吸取心灵的新鲜血液，还让人失去生存的勇气。

消极心态的表现是失望或者是畏难。不论是什么，想方设法克服它都是我们必须要实现的目标。从心态上讲，它是我们前进路上最大的障碍。

从前有一户人家的后门口有一块大石头。从后门出去的人常常会不小心踢到上面，如果是夜间没有躲开，不是跌倒就是擦伤。

儿子问:“爸爸，为什么不把那块讨厌的石头挖走?”

爸爸这么回答:“你说那块石头喔？从你爷爷时代，就一直放到现在了，它的体积那么大，不知道要挖到什么时候，没事无聊挖石头，不如走路小心一点来得实在。”

过了几年，儿子娶了媳妇。

有一天媳妇气愤地说："爸爸，菜园那块大石头，我越看越不顺眼，改天请人搬走好了。"

爸爸回答说："算了吧！那块大石头很重的，可以搬走的话在我小时候就搬走了，哪会让它留到现在啊？"

媳妇心底非常不是滋味，因为那颗大石头不知道让她跌倒多少次了。

有一天早上，媳妇带着锄头和一桶水，将整桶水倒在大石头的四周。十几分钟以后，媳妇用锄头把大石头四周的泥土搅松。听了公公的劝戒，她有了挖一天的心理准备，可谁都没想到几分钟就把石头挖了出来，这颗石头没有想象的那么大，人们都是被它巨大的外表蒙骗了。

低调做人，常常会对很多事采取退让的态度。但是应该记住，退让不是不做。面对任何事都应该有一个积极的心态。心态积极向上的人自然能够取得最大的成功。在工作学习中，很多困难都被我们夸大了、虚化了，其实它们并没有那么严重。低调的人从来不怕这些所谓的困难，因为他们虽然低着头，但从来没停下脚步，他们有着前进的自信。

消除消极的心态，人要昂着头生活下去。低调是指做人，退让不代表着停滞。退一步是为了进一步，改变你的消极心态是你成功的前提。

第十一章 做人要持平常心

一个人若是把成败得失、宠辱祸福看得太重，患得患失之余，自然就会凡事计较，再难以保持心中的平静，久而久之，心中不平之气日积月累之下，郁郁成疾，终致消极、偏激，看谁都不顺眼，论事则不公正，简直不可理喻，甚至孤立、愤世，沦入魔道，是人非人，哪还谈得上会不会做人呢？

所以，我们遇事一定要冷静，处世一定要宽容，待人一定要大度，克制住内心的欲望躁动和情绪波动，保持一颗宁静的平常心，秉持积极向上的生活态度，尽人事以听天命，凡事不必强求。

得之淡然，失之坦然，誉也泰然，毁也悠然，顺其自然——这就是平常心。

虽处高位，本性依然

假如一个人的地位很高，权力很重，但是他却从来不在下属或他人面前显示自己的优势，始终保持平常人的做人本分，能够和颜悦色地与人交流、相处，这就是平常心。

比如，在瑞典，就有一个十分受人们尊敬的领导人帕尔梅首相，他的人生信条就是:“我是人民的一员。”有一次，帕尔梅首相到美国去参加一个国际性会议，人们发现他竟然是独自一人乘出租车去的机场。1984 年 3 月，帕尔梅首相去维也纳参加奥地利社会党代表大会，也是独自前往的。当这个来自瑞典的国家领导人走入会场时，并没有人注意到他，直到他在插有瑞典国旗的座位上坐下来，人们才发现，他原来就是瑞典的首相！一时间，称赞不已。

帕尔梅首相能够尽可能地同普通群众打成一片。他每天从家到首相府都要坚持步行，在他步行一刻钟左右的时间里，不时地同路上的行人打招呼，有时甚至还与同路的人闲聊。帕尔梅同他周围所有的人关系都处得非常好。每当工作之余，身为首相的帕尔梅经常帮助别人，一点也看不到高贵者的派头。帕尔梅一家人经常要到法罗岛上度假，善于沟通、平易近人的他和那里的居民建立了密切的联系，那里的人也都将他看作真诚的朋友。帕尔梅常常独自骑着车闲逛，还经常铡草、打水、劈柴、生火，帮助房东干些杂活，这让彼此亲如一家。

帕尔梅喜欢独自微服私访，去学校找学生，去商店找店员，去厂矿找工人，和这些人谈话，了解情况、听取意见。他谈吐文雅、态度诚恳，从没有过首相的架子，也不讲求前呼后拥的威严场面，瑞典人民深深地爱着自己的领袖。

帕尔梅同许多普通人通过信件建立了真诚的友谊。他在任首相期间，平均每年都要收到一万五千多封来信，其中有三分之一是来自国外。为此，帕尔梅专门雇用了四名工作人员及时拆阅、妥善处理和积极答复，凡来者皆阅，来者皆复。而对于助手们起草的回信，他每次都要亲自过目后才能签发。这一切都使得帕尔梅的形象在人民心目中日益高大。帕尔梅首相府的大门永远向着广大人民开放，永远是为人民服务的地方。在瑞典人民的心目中，帕尔梅既是首相，又是平民中的一员；既是领导人，又是自己的兄弟和朋友。帕尔梅首相就这样成为瑞典人民心目中的偶像。

可见，保持积极向上的心境，用乐观的思想和广博的胸怀来提高心灵境界，超越世俗纷扰，心境愈高，就愈不容易受外界影响。有句广告语说得好："心有多大，舞台就有多大"，心境高远，胸怀广博是我们快乐的源泉。

将心比心，常为他人着想

鸟站在树上，对水里的鱼说：“你应该感谢那片水域，是它养育了你，还给了你自由的生活。不像我，风吹雨晒，经常会遇到很多危险，很不容易啊。”

鱼对鸟说：“你下来吧，你也下到水里吧，到了水里你就会知道，水里也有水里的难处。”

人总要设身处地地为他人想想。

人心不同，各如其面。我们喜欢的，别人不一定喜欢；我们认为应该的，别人不一定有同感。认识一个人很容易，但是真正了解一个人却很难。不过，只要设身处地地多为他人想一想，做到换位思考，结果就大不相同了。如果你对自己说：“假如我处在他当时的困境之中，我会是有什么感受？会做出什么反应？”这样，你就会省去许多时间和麻烦，同时也可以增加许多处理人际交往的技巧。

社会里充斥着许许多多的角色，如领导、群众、教师、医生等，每一个人也都扮演着一定的角色，在交际过程中，人们都是以具体角色出现的。由于长期习惯于从自己角色出发来看待自己和别人的行为，就使认识带有不同程度的片面性。因为角色不同，人际间总是发生冲突，不能相互理解，造成交际障碍。要想克服这一障碍，就要将心比心，即设身处地为对方着想，假设自己处在对方的位置上，会作何感想。这样，就会通情达理地谅解对方和行为和态度。

将心比心，也就是要站在别人的立场上想问题。站在别人的角度设身处地，从而对对方的利害得失与困难有较为深切的了解，由此再做出自己的决策，使决策不仅有利于自己，也使对方容易接受，有效地避免决策在实际运作中损害了对方利益。更重要的是，能为别人着想，会使对方一下子就知道你的义气情分，知道跟着你做事绝不会吃亏，他也就心悦诚服了。

凡是能帮人的都要帮人。因为你不知道明天会发生什么。今天的失败者，明天也可能是富翁。你今天还是百万富翁，明天可能一贫如洗。人生充满太多的变数，能帮人处就帮人，能恕人处就恕人。有时，我们发现那些经历过贫贱、困难的人因为自己对这些东西有体会，所以为别人着想还容易一点。而一帆风顺、条件优越或是有名望有地位的人，平时办起事来碰钉子少，为别人着想就不容易了，甚至只要有一点权力就会以权压势。

所谓己所不欲，勿施于人。按一般的理解，就是用自己的人心推及别人，自己希望怎样生活，就想到别人也会希望怎样生活；自己不愿意别人怎样对待自己，就不要那样对待别人。总之，从自己的内心出发，推及他人，去理解他人。不要将自己的意志强加于人，别人之所以那么做，一定有他的原因；找出那个隐藏着的原因，那么你就容易理解别人的难处了。偏见往往会使双方彼此伤害，如果另一方耿耿于怀，关系就无法融洽。将心比心能使原先持偏见者在感情上受到震动，以致转变看法。

《传世言》中说：“凡一事而关人终身，纵确见实闻，不可着口；凡一语而伤我长散，别人终身命运。”意思是：即使是亲自看到和听到的，也不要开口；一句话损伤自己长厚风度，即使是茶余酒后的笑谈中，也不可伤言。尖锐的批评和攻击，所得的效果都等于零。相反，努力去理解对方的用意，结局会好一些。

为他人着想，为自己铺路。你给别人留面子，别人给你做好事。你在关键的时候助人，别人也会在关键的时候帮你，如果你见死不救，甚至是怕他东山再起对你不利而落井下石，那么，当你遇到困境的时候，别人也就会隔岸观火、袖手旁观。

永远设身处地的为他人着想，当你受伤的时候，别人的心或许也在痛。一句无心的话可能引起一场争斗，一句残酷的话可能会毁坏一个人的生活，一句及时的话可能会平复波浪，一句充满爱心的话可能会治逾别人的伤口。

你种下什么，收获的就是什么。播种一个行动，你会收获一个习惯；播种一个习惯，你会收到一个个性；播种一个个性，你会收到一个命运。播种一个善行，你会收到一个善果；播种一个恶行，你会收到一个恶果。失败者失败的一个重要因素就是——他们从来不会站在对方立场上看问题。成功者成功的一个重要因素就是——他们始终站在对方的立场上看问题。

笑对人生，直面挫折

遇事从容、决断冷静，是我们在关键时刻制胜的法宝，但是很多人却往往输在这样的关键时刻。

1965 年 9 月 7 日，世界台球冠军争夺赛在美国纽约举行。夺冠热门人物刘易斯·福克斯一路遥遥领先，就在人们都以为他稳操胜券的时候，有趣的一幕出现了。一只苍蝇缓缓地落在主球上，刘易斯挥手赶走了苍蝇，不少细心的观众看到这一幕，发出了笑声。就在他俯身击球的时候，那只可恶的苍蝇又飞了回来，他在观众的笑声中再一次挥手赶走苍蝇。这时，他的情绪受到了影响，有了些烦躁。这只苍蝇似乎在故意挑战他的忍耐力，当他回到球台准备击球时，苍蝇又飞了回来。观众席爆发出更大的笑声，这使得刘易斯·福克斯的情绪恶劣到了极点，他有些失去理智，这次没有用手，而是愤怒地用球杆去击打苍蝇。不幸的是，球杆碰动了主球，裁判判他击球，他因此失去了一轮机会。

此时，刘易斯·福克斯方寸大乱，在随后的比赛中连连失利。他的失态激励了对手的斗志，对手约翰·迪瑞反倒愈战愈勇，迅速将比分扳平，并轻易超过了他，最终成为这场比赛的冠军。比赛结束后，刘易斯·福克斯不堪忍受巨大的心理落差，投河自尽。他的尸体被发现后，引起了轩然大波，人们认为他不是被对手击败的，而是被苍蝇打倒的。

这样的结果令人唏嘘不已。其实，如果刘易斯·福克斯能够在比赛中保持冷静从容的心态，不受苍蝇的影响专心击球，当主球飞速奔向既定目标的时候，苍蝇自然不撵自走，飞得无影无踪了。他不懂得控制坏情绪，与苍蝇斤斤计较，反倒让坏情绪控制了自己的行动，最终输了比赛。接下来，又让失败的情绪肆意蔓延，最终亲手结束了自己年轻的生命。

因此，坦然、从容地面对生活中的不如意，懂得控制情绪，是我们生活必须具备的能力。

20 世纪 60 年代初，一位名叫霍华德的大学校长准备竞选美国中西部某州的议会议员。他才华横溢、博学多才、精明强干，有着丰富的工作经验，竞选获胜的几率很高。不料，就在他满面春风地投入竞选工作的时候，有一个对他很不利的谣言使他陷入了困境。据说，他曾在一次教育大会举办期间与一名年轻女教师发生过暧昧关系。

谣言传入霍华德的耳中，他不禁勃然大怒，对这种莫须有的指责气愤不已，他抓住一切机会为自己辩解，害怕谣言的散布影响自己在选民心中的形象。然而由于他太在意这个谣言，每次召开集会他都要先把这个谣言复述一遍，然后再极力澄清事实，以示清白。原本这个谣言只是在小范围内传播，很多选民并不知道这件事情。但是经过他的复述，越来越多的人知道了这件事，开始质疑他有欲盖弥彰的嫌疑，反倒开始相信谣言的真实性。有的人当面质疑他："如果这件事情并不存在，为什么你如此在意，百般狡辩呢?"这样一来，霍华德更加气愤，情绪完全失控，他的形象也就更加狼狈了。

雪上加霜的是，霍华德的太太也开始相信这个谣言的真实性，原本和睦的家庭关系也受到了挑战，久而久之，夫妻失和的传闻也产生了。面对这么多问题，霍华德的情绪一度失控，再也无法坦然地面对公众，终于在竞选中落败，并且从此一蹶不振。

冷静、从容地面对生活中的不如意，保持一个健康良好的心态，始终笑对人生，是我们寻找快乐的源泉。

安守本分，先做"蘑菇"

所谓"蘑菇"，是指那些初入社会者在组织或团队中所受的恶劣待遇：被置于阴暗的角落（不受重视的部门，或打杂跑腿的工作），浇上一头大粪(无端的批评、指责，代人受过)，任其自生自灭（得不到必要的指导和提携）。

“蘑菇”经历对成长中的年轻人来说就像蚕茧，是羽化前必须经历的一步，以达到三个作用：

1. 消除不切实际的幻象

很多年轻人走出校园时，认为自己一开始工作就应该得到重用。但他们缺乏工作经验，也缺乏担当重任的能力，只有经过一段时间的磨炼，消除不现实的幻想，才能慢慢成长起来。

2. 消除对成绩的沾沾自喜

对于初出茅庐者来说，在做完工作、取得成绩之后，总是希望上司和同事能注意到自己，最好还能加上一两句赞赏，但每个人都有着自己工作、生活的烦恼，没有人有时间去刻意注意别人。

3. 加快适应社会的进程

要想在商场上游刃有余，不仅要有专业的知识和技术，还要有各种社交能力。那些办事能力强、工作积极的人，都有某些共同的行为标准和思考模式。我们把这种成功的模式称为商界适应行为。人们是否能够适应社会中的行为模式和游戏规则，决定于最初一段时间的成长进程。

那么，作为刚入职场的年轻人，该如何积极而成功地度过“蘑菇”期呢？以下建议值得参考：

1. 磨去棱角

年轻人要适应社会，先决条件是避免太偏激。从积极的角度来看，千万别期望环境来适应你，要想改变环境，必先要适应环境。蘑菇是没有棱角的，所以要做好的“蘑菇”，先决条件是要磨去棱角。有时为了好好学习，应该不耻下问，甚至不妨低声下气，才可以好好地建立自己的知识宝库。

2. 培养耐性

年轻人的第一份工作，往往是处于一家并不理想的公司，或者被分配

于一个令人不满的岗位，甚至是做一些很没劲或非常无聊的工作。薪酬低微不说，甚至很多时候远低于市价。面对如此工作环境，年轻人常常会产生前途茫然的感觉，心情自然十分郁闷。在此时，明白事理的人便知道，根据“蘑菇定律”，单调沉闷的工作正是所有大事的基础。做好单调的工作，才有机会干出一番真正的事业。

3. 争取“养分”

做“蘑菇”的日子并不容易过，年轻人须要尽可能有效地从中汲取经验，令心智等方面都成熟起来，建立可以令人信赖的个人形象。被安排在不受重视的部门干打杂的工作，正好是修身养性及潜心学习的好机会。

一切都刚刚开始的时候，有一段“蘑菇”的经历不一定是坏事。很多机会都是在每一次单调的工作实践中学得的，如果你一开始就不想从事单调的工作，那么你永远也不会得到提升的机会！如何高效率地走过生命的这一段，从中尽可能汲取经验，成熟起来，并树立良好的、值得信赖的个人形象，是每个刚入社会的年轻人必须面对的课题。

“蘑菇”怎样尽快成长？关键是要让自己迅速融入一个团队，从团队中获得尽可能多的营养和支持，尽快地钻出地面。

在我们被看成“蘑菇”时，一味强调自己是“灵芝”并没有用，利用环境尽快成长才是最重要的。当你真的从“蘑菇堆”里脱颖而出时，人们就会认可你的价值。

要知道，对一个组织来说，新进的员工都是一张白纸，能力和经验没有太大的区别，所以给员工的起薪和工作都不会有太大的差别。无论多么优秀的人才，初次工作都只能从最简单的事情做起。

只有投身到社会生活中去，在生活中摔摔打打，你才会知道遇到的机会是无穷无尽的。为了尽可能更好地适应“蘑菇”期，我们给出以下几个方面的建议：

1. 学会谦虚谨慎

我们知道有句成语叫“枪打出头鸟”，特别是幼稚的“鸟”。所以初涉职场，要学会谦虚、礼貌，这是在很多学校都不被注意的问题，良好的人际关系从谦虚谨慎礼貌开始，毕竟人的第一印象很难改掉。

2. 多做事，少说话

有些时候，年轻人因为年轻，所以气盛，遇到什么不如意的事情，都想插一手、说几句或者抱怨一下。在工作场合，领导有些时候最不喜欢爱说话、不做事情的员工，即使你很优秀。

3. 工作要有计划，分清轻重

做事要有效率，也就是说，不要别人给你事情就立马开始做，也不管手头的其他工作做完与否。工作要分清其轻重缓急。

4. 要拿出自己的热情

学会从工作中得到快乐，从而能够主动地工作，干一行要爱一行，把刚工作时分配在“阴暗”角落的工作做好，因为那是你成长的前奏。

不要因为你的努力没有得到相应的报酬，就放弃了以往的工作作风，要相信自己，很快，你的报酬就会达到或者超过你的努力，也许老总正在考虑这个问题，没有经历磨炼，不会成长为高大的“蘑菇”。

5. 认真对待每一件事情

刚入职场的年轻人，往往是做些琐碎的工作，但是不要因为它们琐碎就敷衍了事，人们是通过你的工作来评价你的。如果连小事都做不好，怎么还敢把大事交给你呢？

少发牢骚少抱怨

在我们的生活和工作中，我们偶尔可能会成为不受重视、遭受无端的批评指责、代人受过的“蘑菇”。这时，我们就会感到委屈，觉得不公平。

经常可以听到有人如此发泄:“这简直太不公平了!”——这是一种比较常见但又十分消极的抱怨。当你感到某件事不太公平时，必然会把自己同另一个人或另一群人进行比较。你可能会想:“既然他们能做，我也能做。”

“你比我得到的多，这就不公平。”

“我没有那样做，你为什么可以那样做?”等等。

渴求公正的心理可能会体现在你与他人的关系中，妨碍你与他人的积极交往。不难看出，你是在根据别人的行为来衡量自己的得失。如果这样，支配你情感的就是别人，而不是你自己了。如果你未能做别人所做的事情，并因此而烦恼，你就是在让别人摆布你自己。每当你把自己同别人进行比较时，你就是在玩“不公平”的游戏，这样你采取的就是着眼于他人的外界控制型思维方法。

人们都渴求公道，但一旦他没有得到公道时就会表现出一种不愉快。讲求正义、寻求公道，这本身并不是一种误区性的行为，但如果你一味追求正义和公道，未能如愿便消极处世，这就构成了一个误区—— 一种自我挫败性行为。

不公道现象的存在是必然的，当你无法改变这一现实时，你可以努力不改变自己，不让自己因此而陷入其中，并可以用自己的智慧进行积极的斗争。首先争取从精神上不为这种现象所压垮，然后努力在现实中消除这些现象。下面是心理咨询专家为我们提供的一些行之有效的办法：

（1）将你所见到的各种不公正现象全部列出来。将这些现象作为你采取切实行动的出发点。向自己提出这样一个重要问题："这些不平等现象会因为我的愤慨而消失吗？"答案显然是否定的。努力消除致使你烦恼的误区性心理，你便可以逐步跳出寻求公正心理这一陷阱。

（2）尽量不再说："我会这样对待你吗？"或其他类似的话，而应该说："你我有所不同，只不过我暂时难以接受这一点。"这样你就可以建立平等的沟通渠道，而不是断绝与别人的交往。

（3）将"太不公平"之类的话改为"真令人遗憾"或者"我倒真希望"……这样，你就不至于对世界产生不切实际的想法，并逐步接受现实，接受你并不赞赏的现实。

（4）不要把自己同别人或别的事情比来比去。在制订自己的目标时，不要考虑周围的人在做什么。如果你要做一件事情，就应该全力以赴地做好它，而不必羡慕别人所具备的优越条件。

第十二章　做人要谦虚

谦虚首先是一种非常可贵的人格修养。谦虚的人不仅具有坦荡的胸怀，更具有一种超人的勇气。鲁迅先生“俯首甘为孺子牛”的精神曾经让无数人为之折首。谦虚谨慎作为一种重要的人格修养，一定会为你的人生带来无限生命力和创造力。

其次，谦虚还是一种踏踏实实的学习作风。在我们这个时代，新思想、新理念、新概念、新模式，每天都层出不穷。面对着扑面而来的新潮，谦虚的人认真审视，潜心研究，深入体会，并将这种学习伴随终生。

谦虚更是一种美德，更能体现中华民族的传统风貌。凡是懂得谦虚的人，也就必然懂得成功的真正来源。成功不是天外来风一吹即成，成功有三方面因素构成，分别是客观环境、他人帮助和自我努力。成功是这三方合力的共同结果。谦虚的人能够保持异常清醒的头脑发奋苦进，谦虚的人能够很谦逊地对待他人并赢得他人的尊重与帮助，谦虚的人能够为他人的利益着想而不是过分地关注自己的利益，这也就为自己营造了一个良好的外部环境。

谦虚，成功的垫脚石

庄子说:“天地有大美而不宫。”谦虚是一种美德，是一种实事求是的科学态度，也是一个人恰当地看待和处理他与外界关系的正确思想方法。心胸宽大、虚怀若谷的人，才能谦虚谨慎。

进化论的创始人达尔文是一位十分谦逊的科学家。他在与别人谈话时，总是耐心地听别人说话，无论对年长的或年轻的科学家，他都表现得很谦逊，就好像别人都是他的老师，而他是个好学的学生。1877年，当他收到德国和荷兰一些科学家送给他的生日贺辞时，他在感谢信中写了一段感人肺腑的话:“我很清楚，要是没有为数众多的可敬的观察家们辛勤搜集到的丰富材料，我的著作根本不可能完成，即使写成了也不会在人们心中留下任何印象。所以我认为荣誉主要应归于他们。”

冯异对东汉的建立有大功，可他不仅从不居功，反而待人更加地谦让，每当同其他大将的车仗在路上相遇时，他必告诉车夫退让躲道，让别人先过。他领部队交战时，在各营之前；退兵时，在各营之后。当休战时，诸将坐在一起，都宣扬自己的功劳，以便争功多得奖赏，冯异则躲于大树下，一言不发，似是乘凉休息，实为躲避争功，后来军中戏称他为“大树将军”。不仅刘秀对他格外器重，他的士兵亦多愿在他麾下效力。

做人要谦虚，不可自大。我们经常可见到整天说“我不服这个不服那个”的人，总是看不起在某些方面不如自己的人。其实每个人都有其长处

和短处，而恰恰有的人只看到别人的短处，看不到其长处。谦虚是尊重他人的一种表现，一种美德。只有谦虚的人才能发现别人的优势，知道自己的不足。老子说:“江海能成百谷王者，以其善下之。”

社会上真正成功的人，往往懂得谦虚待人，他们真正理解世事艰难、行为处事的重要。凡唯我独尊、目空一切、夸夸其谈、不可一世的人，定是阅历太浅、磨难太少之人。有时我们总会发现一个不起眼的人却在不经意间成就了他的不平凡，他不会说自己有多么的厉害，只是默默地努力着，等待着时机，而后厚积薄发，让人措手不及地看到其成就。

骄傲，成功的绊脚石

巴甫洛夫说:“决不要骄傲。因为一骄傲，你们就会在应该同意的场合固执起来；因为一骄傲，你们就会拒绝别人的忠告和友谊的帮助；因为一骄傲，你们就会丧失客观方面的准绳。”

骄傲永远是谦虚的大敌，如果说谦虚是成功的基石，那么，骄傲就是成功的毁灭者。成功的滋味是甜的，每一个人在尝到了成功的滋味时总免不了骄傲，但骄傲以至于太过放纵自己，这就已经预示着下一个成功正在离你远去。所以说骄傲是成功的绊脚石，它会使你与下一次成功“分手”。

古往今来有无数事例来证明了这个道理。三国时的诸葛恪就是一例。

诸葛恪是三国时吴国大臣诸葛瑾的儿子。他自幼聪慧过人，很有才名，

特别是他随机应变的辩才颇得孙权的欢心和信任。一次孙权宴集群臣，他想让众人高兴一下，便想了一个恶作剧。他命人牵了一头驴到庭院。众人一看，驴脖子上挂着“诸葛子瑜”的牌子，子瑜是诸葛瑾的字。诸葛瑾感觉受到了戏弄，拉长了脸，恰似驴脸，众人不免哄堂大笑。其实，三国时人好学驴叫，这种恶作剧也不算过分。这时诸葛恪跪在孙权面前，请求在上面加上两个字。得到允许后，他在“诸葛子瑜”之后添写了“之驴”二字，这样就成了“诸葛子瑜之驴”了。这一改使举座皆笑，孙权也顺水推舟，把驴奖给了诸葛恪。

不久，孙权宴请蜀国使者，在请客前预先告诉部下说:“使者来吃饭的时候，你们只管低头吃，不要抬头。”蜀国使者来赴宴了，孙权吃到中途放下筷子不吃，而群臣仍在低头进食。蜀国使者一看，就带嘲谑的口气吟诵:“凤凰回旋而飞，麒麟停止吃食，只有驴骡无知，仍是低头咀嚼。”诸葛恪出口答道:“种植梧桐之树，为了等待凤凰，何方飞来燕雀，自称凤凰飞翔？何不弹射一弓，叫他飞还故乡！”孙权听了大笑不已，对他更加器重。

然而，知子莫过父。诸葛瑾却感到儿子那闪烁的才华是非常危险的，因为他知道儿子恃才傲物，必兴败端，因此经常为其担忧。

不久，吴国重臣陆逊病故，孙权任命诸葛恪为大将军，掌握军事大权。七年后，孙权病故，遗诏诸葛恪辅国，此时，他已处于吴国最重要的地位。这时，魏国利用吴主新丧，举国哀痛之机兴兵伐吴。诸葛恪亲率大军迎击魏军于东兴，结果大败魏军。他因这次功绩而声望扶摇直上，深得民心。当时，人们一看到诸葛恪外出远行，就群集在他周围送行。诸葛恪一时间得意非常。

沉浸在胜利喜悦中的诸葛恪认为魏国不堪一击，准备出兵伐魏。但是，这次出战遭到了吴国大臣的一致反对。他们认为吴国屡次用兵，军队疲劳，不能久战，且魏国强大，不能取胜。急于求成的诸葛恪认为凭他的才干，足以扫平中原，统一宇内，便不顾众人反对，下达了全国总动员的命令。

诸葛恪率20万大军包围魏国的新城，两个月也没有攻下。这期间，士卒困乏，又值天气炎热，军中瘟疫流行，士兵多数病倒。部下天天报告士兵病倒的情况，但诸葛恪却认为是胡说八道，甚至将报告者斩首。以20万大军，攻一小城而不下，诸葛恪感到大伤体面，常常满面怒气斥责部下，当然这也挽救不了败局。在无计可施的情况下，只好下令撤退。撤退之时，伤病兵东倒西歪堵住道路，或倒在沟里，或被敌人俘虏。到处是呻吟哭救之声，惨不忍睹。而诸葛恪却是衣冠整齐，仪仗威严，一副满不在乎的神气，随军众将心中暗自愤恨。

这个战败的结局，使诸葛恪大失人心，朝廷内外的严厉批评声四起。控制近卫军的武卫将军孙峻看到诸葛恪的失败，燃起了夺权的野心。他强迫皇帝孙亮设宴招待诸葛恪，暗中埋伏下刀斧手，在席间杀了诸葛恪，并灭其家族。至此，诸葛瑾的担忧成为了事实。

以诸葛恪的才干，确实可以成就一番大事，但就是那可怕的骄傲心态，使他自掘坟墓，死于自己人手里。

还有这样一个民间童话：

从前，有一只水獭和一只天鹅同住在一条河上。它们虽然是邻居，但是天鹅很骄傲，它总是夸耀自己长得漂亮、视力强，能看清很远很远的东西。它认为像水獭这样眼小而又近视的家伙，不配做自己的朋友。

一天，勤劳的水獭在河岸上劳动——放倒树木，准备盖新居。天鹅自由自在地游来游去，一会儿来到了水獭眼前。水獭见天鹅到来，连忙把木头放在地上，停下工作，上前向天鹅问候："您好！天鹅大哥！"

"哦，原来是你呀！你怎么才看见我呀？真是瞎子！"傲慢的天鹅微微点着头说，“你的这对眼睛啊，迟早会送掉你的性命：猎人可以空手把你捉住，活活地装进口袋里去！”

“你的视力的确比我强，看得远。这一点是毫无疑问的。”水獭说，“可是请你听一听，在前边第二道河湾那边，有没有河水拍岸的声音？”

“哪儿？”

“第二道河湾那边。”

“没有，一点儿也没有。别说水溅声，连树林里也没有动静！”

“请你再仔细听一听。”水獭再三地提醒它说，“就在离这儿很近的地方有没有水溅声？”

“你说哪儿？”

“就在第一道河湾这边。”

“没有，什么也没有。你是在故意说谎，存心捉弄人！”

“我的耳朵对于我来说，就像你的眼睛对于你一样重要。”水獭说，“再见吧，天鹅大哥！”说完，它就钻进水里去了。

“你……你这个瞎子！”天鹅气呼呼地嘟哝说，“纯粹是胡说八道！我的眼睛能够看到所有将要发生的事情，你的破耳朵岂能和我的眼睛相比！真是岂有此理！”天鹅越想越高傲，就越伸长了它那雪白的脖子。正当它得意忘形地向四周巡视的时候，坐着筏子划过来的猎人早已瞄准了它。骄傲的天鹅还没有来得及起飞，就随着“砰”的一声枪响掉进河里去了。

天鹅就是因为骄傲地自以为是，不听别人的劝告而断送了性命。

铁的事实有力地证明：骄傲，是成功的毁灭者！

谦虚一时易，坚持一生难

人的一生会遇到很多事情，成功、失败、欢乐、痛苦，不管面对什么境地，谦虚的态度，学习的精神，是走向更大成功和反败为胜的基础心态。人生几十年，不算漫长但也不算短暂，能够时刻注意放开心胸容纳他人，低下头来尊重他人，虚怀若谷，精益求精，不耻下问，处处学习，是一种非常可贵的品格，也是一个人精神修养的体现。一个有着高尚的，或者说高贵的精神修养的人，能够时时注意这方面的言行：一事当前，他们谦虚，一生当中，他们谦虚。谦虚给他们带来了生命中最大的收益。能够长久地坚持谦虚谨慎，不骄不躁的心态，直接或间接地地关系到事业的成败与精神世界的苦乐。

大千世界，到处充满了未知的东西，不管是生命个体还是整个人类，都不能停止探索的脚步，而对未知的探索，关键就是具备谦虚的态度。富兰克林曾经说过："我们所能经历的最奇妙的事情就是神秘。它是科学和艺术的源泉。谁对这种感受感到陌生，不再敬畏地停下来欣赏这种奇妙的感觉，它就如同死了一般，什么也看不见。"不懂的东西太多，我们没有理由骄傲。

谦逊的思想有许许多多，不只是对所有的人、事都有影响。谦虚也应该成为一种信仰，这种深深的信仰将会赋予我们卓越的才能和显著的成就。宽阔的河流平静，学识渊博的人谦虚。凡是对人类发展作出巨大贡献的人物都有谦虚的美德。牛顿就是一个非常谦虚的人。

牛顿在科学上作出了重大的贡献，他的三大成就——光学分析、万有引力定律和微积分学，为现代科学的发展奠定了基础。但是面对自己的成功，牛顿从来就没敢沾沾自喜，而是进一步探讨论证当前结果的科学性。

经过无数次的演算，牛顿几乎费尽心力算出了“万有引力定律”，但是，牛顿并没有急于发表，而是继续孜孜不倦地深思了数年、研究了数年，埋头于数字计算之中，从未对任何人讲过一句。后来在1684年11月的某一天，牛顿的好友哈雷(就是哈雷彗星的发现者)来到牛顿的寓所拜访。当谈到有关天文学的学术问题时，牛顿拿出了自己论证万有引力的论文请哈雷提意见。哈雷看后，对这巨著感到非常惊讶。他欣喜地对牛顿说:“这真是伟大的论证，伟大的著作!”他再三奉劝牛顿尽快发表这部伟大著作，以造福于人类。可是，牛顿没有听从朋友的劝告轻易地发表自己的著作，而是继续进行了长时间一丝不苟的反复验证和计算，最后确认正确无误，才于1687年7月将这篇名为《自然哲学的数学原理》的论文发表。这就是牛顿谦虚的表现。

“假如我看得远些，那是因为我站在巨人们的肩上。”这句话就是牛顿说的名言。曾经有人问牛顿:“你获得成功的秘诀是什么?”牛顿回答说:“假如我有一点微小成就的话，没有其他秘诀，唯有勤奋而已。”

这些话实在是意味深长!它生动地道出了牛顿获得巨大成就的奥妙之所在，正是牛顿一生都在谦虚，才使他站在了科学界的巅峰。

谦虚不是心血来潮，不是哗众取宠，更不是在做什么表面文章。谦虚的真实性和必要性，不仅体现在认识的层面上，更体现在时间上的长久上。牛顿能够以一生的谦虚面对一切，他这样的科学巨人尚且如此，我们普通人还有什么借口或理由把自己看得有什么高明之处?我们不仅是一个力量有限的小小个体，更是万事万物中微不足道的一分子。这不是妄自菲薄，面对多变的社会，面对浩阔的自然，我们只有谦虚，并长期坚持向自然、向社会学习，我们才有可能取得一些成绩。一生谦虚，学他人之长补自己之短，不以小成而自大，不以温饱而自足，积极进取谦虚学习，这才能使有限的生命放出光彩。

人们都说，谦虚一时容易，谦虚一生很难。实际上谦虚一下容易，谦虚一生也并不难。只要你心中有它，就会在行动上表现出来。所以说到底还是个认识问题，认识上去了，行动也就有了。所谓“谦谦君子”，只有一“谦”再“谦”，方为真正的君子。

谦虚使人受益终身

毛泽东曾经说:“一张白纸，好写最新最美的文字，好画最新最美的画图。”我们可以把自己的内心比作一张白纸，就可以接受来自客观方面的一切知识和技能，并且这种接受是积极的、谦卑的。所谓:“尺有所短，寸有所长。”每个人身上都有闪亮的发光点，同样，每个人身上也都有认识方面的盲区。能够积极谦卑地学习他人之长，就可以弥补自身的不足，为事业的成功打下基础。许多成功人士就是这样做的，所以他们才有了今天的成就。

以谦虚的态度来对待学习，知识水平就会与日俱增，人人概莫能外。我们与人交谈，不应是那种闲来无事聊聊天，饭后茶余侃大山，这种空泛的闲聊或应酬话，不会有什么有意义的东西，反而把宝贵的时间浪费在无谓的事情上。时间的浪费，就是生命的耗散。每次与人谈话，应该抱着沟通与交流的心情，最好能用研讨或学习的心情来交谈。在这样的交流氛围中，你会得到很多知识。只要有成功的愿望，就应该这样积极地交流，就要不断学习。这样可以使我们从中学到很多自己以往没有掌握的知识。

谦虚是一种心情。一个人是否能随时随地学习，要以他的心情与态度而定。如果一个人没有谦虚、上进的心，就不可能从日常生活中学到什么。大多数人没有丝毫的进步，实际上和他们的骄傲心态有关，而时间少并不是理由。

骄傲心态是个可怕又很讨厌的东西，但这个东西人人都不同程度地拥有一些。谁也不愿承认自己的无知，怕遭耻笑。我们说骄傲可怕，就是因为它已经成为前进道路上的障碍，这个障碍把人限定在自己孤家寡人的精神套子里，也就是说，它限制了人的意识，最终的结果就是遭受别人白眼和唾弃。但是，与此相反，谦虚地交流学习则能令你承认自己的无知，引起别人的共鸣，更容易地得到别人的支持与帮助。所以我们不要骄傲，要交流，要学习，要谦虚。

向别人学习就要首先肯定别人的长处。当我们真心实意地向他人谦虚学习时，对方就会因为我们的真诚不吝赐教，因为每个人都有一种期待别人肯定和赞赏的心理。只要你能意识到了这一点，你就将赢得一个良好的开端。对方在你的真诚下，会向你展示他的才华，把他所知道的东西告诉你，这样，你就能得到他的智慧与成功经验。获取别人的智慧和成功经验，是自我发展的一个捷径，毕竟我们个人的精力有限，如果你能有幸倾听这些最宝贵的智慧与经验，将对你的一生大有帮助。

当然，倾听不是一言不发，不是无安全被动地接受，让对方感觉自己是在对牛弹琴。交流必须互动，否则一切都将变得索然无味。假若我们能够保持一种谦虚的心态认真听取别人的意见，必定能够从别人的意见里发现自己的许多不足，这些不足又是实现成功人生所必须克服的，所谓“以人为镜”，就是这个道理。

尊重每一个人，善待每一个人，学习每一个人，这是事业发展的根本保证。在这一点上，蔡元培做的就堪称典范。

蔡元培刚到北大当校长的第一天，大清早，他就坐车来到了北大的校门口。学校里的教职员工听说来了个颇有传奇色彩的人物当他们的校长，老早就毕恭毕敬地排成队在学校门口迎接。

一辆四轮马车来到了北京大学的校门口。只见新校长缓缓地走下马车，摘下自己的礼帽，向这些教职员工们深深地鞠躬行礼。在场的人都惊呆了，这是北京大学从来未有过的事情。北京大学是一所等级森严的官办大学，校长享受着内阁大臣的待遇，从来不会把这些普普通通的教职员工放在眼里的。可是今天这位大名鼎鼎的校长竟然首先脱帽致礼，实在是大大出乎他们意料！

像蔡元培这样地位显赫的人向身份卑微的人敬礼，在当时的北京大学乃至中国都是罕见的。这不是件小事，然而，北大的新生正是从这些细节中开始了他们谦虚学习的生涯，因为蔡元培为大家树起了一面如何做人的旗帜。也正是因为蔡元培有这样虚怀若谷的谦虚态度，所以上任伊始，就有很多人主动向他反映学校的各方面情况，蔡元培也因此及时有效地开展了管理工作。假如蔡元培以与此相反的姿态出现在大家眼前的话，当时北京大学的状况就绝不会这么快的发生改观。

如果蔡元培生活在现代，也会对谦虚的心态大加提倡的。因为他正是凭借虚心谦和的态度，成为我国近代著名教育家与学者。

总之，谦虚、求新、积极的态度，是我们观察宇宙万物的基本态度，更能促使我们得到新的发现。谦虚的态度会让人获益终生。

第十三章 做人要与时俱进

现代社会是一个激烈竞争的社会，各方为了跻身前沿，无不使出浑身解数，不断推出新思想、新办法、新技术、新产品。激烈的角逐和竞争，使社会现象变化迅速异常。现代社会变化的速度，是历史上任何一个时代都无法比拟的。生活于这样一个变化多端的社会，需要人们具有最灵活、最敏捷的应变能力，审时度势、纵观全局，于千头万绪之中找出关键所在，权衡利弊，及时做出可行、有效的决断。从某种意义上可以这样说，在现代社会中，这种素质已经成为一种新的生存能力。谁能最及时正确地洞察社会变化，并能最迅速地做出反应，谁就将走在前头。而反应迟钝、因循守旧、故步自封的人，则会一再地错失良机；不能深察明辨，盲目轻率地追随变化潮流的人，也会“差之毫厘，失之千里”，造成决策的失误。这样的人，都会成为“温水里的青蛙”，最终被社会所淘汰。为了避免这种悲剧，就要与时俱进，不断学习，不断充实。

世界不会为我们而停止变化

在现代社会，如果仅仅向前人讨教怎样生活、怎样做人已经远远不够了，更需要自己在社会生活中去探索、去体会、去总结。对于生活和做人的道理，前人确实探索过、研究过，留下了极其丰富的著述，充满了哲理和心得。但是倘若你以为凭借前人的经验之谈就可以顺顺当当地走完自己的人生之路，那就可能是要吃大苦头的。

在发展迅速而又多变的社会里，真正的危险不在于生活经验的缺乏，而在于认识不到变化，或不能把握变化的规律。不同的人们在一个发展节奏不断加快、组合形式复杂的社会里，产生了不同的际遇：对于那些适应力强的人来说，多一扇门就是多一分希望，多一种变化就多一个机会；对那些适应力弱的人来说，多门等于没门，多机会等于无机会。性格封闭的人，不能把握社会变化的规律和趋势，无法对这种变化做出快速的反应，在多变的社会中就会处处碰壁，撞得鼻青脸肿而找不到出路。加速旋转的生活舞台可能会产生一种离心力，把一些不适应的弱者甩出去。20 世纪 80 年代中期，有一部题为《让这个世界停下来吧——我要离它而去》的音乐喜剧片轰动了伦敦和纽约，它反映了一部分西方社会的人对节奏加快的生活的反感。托夫勒说，他们是“情愿和这个世界脱离，也要按自己惯有的速度闲混下去”。在变化面前无法入门的人，自己也难以享受新生活带来的乐趣。

在美国一家银行里，一个老太太愁眉不展地发呆，她忧伤地对银行职员说:“并不是因为我个人的生活使我不安。整个世界都在变化，甚至像打电话这样的事情也由电子计算机或别的什么机器来代替了。”发生在周围的数不清的变化，简直使她不知所措，在变化中陷入困境。老年人害怕变化，希望按照自己熟悉的生活方式安度晚年，这没有什么奇怪。害怕变化，这是心理衰老的一种标志。但是，青年人应当欢迎变化，不应当对变化采取漠视甚至固执的态度，因为那将会有使自己的心理发生衰老的危险。

怎样才能适应多变的社会呢?

首先，要在思想上对变化有充分的准备。在我们今天的生活中，各种新的东西犹如市场上的各种货物，琳琅满目，相互竞争，供你选择。新的生活潮流如同长江之水一浪推一浪，滔滔不绝。如果以迟钝的、保守的眼光看待、对待今天的生活，就势必会被不断向前的生活新潮流远远抛在后面，从而成为一个“不识时务”或“不合时宜”的人。其次，在心理上要有高度的灵活性。不拘泥于任何程式、习惯和经验，不受任何既定的思路和方案的束缚，随时拿出新的招数来应付新的情况，以快速的反应来对付快速变化的形势。传统的人常以一种“打井”的思维方式想问题，沿着笔直的思路深钻下去，并且矢志不移。当然也有钻出成果来的，但是因此而钻进死胡同的人亦屡见不鲜。现代社会要求人们不要沿着自己的思路单线思考，而要立体钻研，全方位思考。就像地质钻探一样，这里试一试，那里钻一钻，钻不进去，就赶快换个地方，直到找到能够钻进去的地方为止。锲而不舍，是传统社会的成功经验。在高速变化的现代社会，对目标的追求需要锲而不舍，但方法、途径却不一定非要锲而不舍不可。过分强调“锲而不舍”，就有陷入呆板和僵化的危险，灵活转移却比锲而不舍有着更大的意义。因为现代社会变化太快了，在一个封闭的系统内深钻，钻得越久，离飞速发展的现代社会就有可能相距越远。遗憾的是，有些人至今对于灵活转移的必要性尚认识不足。当然，我们并不提倡做一件事三分钟热度，频繁地转移目标，但我们也反对头脑僵化，不知变化，“一条道走到黑”。我们主张的是志向和兴趣的战略性转移，也就是说，应当根据自己对现实环境的新的认知水平，结合自己的条件，发挥个性所具有的自我调节的能动作用，不断地重新校正和确定方向，选择途径，以适应新的社会现实。事实上，在现代社会激烈的竞争中，能够跻身于强者行列的，多数并不是固执己见、碰了南墙不回头的人，而是思路灵活，知其不可，赶快转向的人。俗话说：“识时务者为俊杰。”社会的变化是如此迅速，凝固的兴趣将意味着自弃。

性格的高度灵活性，还表现为具有反经验性的倾向。真正性格灵敏的人，不是把过去的成功经验当作灵丹妙药，到处套用，而是坚信经验只能说明过去，不能完全适用现在与未来。他们不会忘记经验的参考价值，但决不拘泥于其中。事实上，经验作为人们认识世界的基本环节之一，在任何时候都是需要的。在实际工作中，经验也是成功的因素之一。但同时也应看到，经验往往有很大的局限性，它要受到个人智慧和实践活动的广度及深度的限制。而且，人们的行动总是面向未来，而经验只属于过去。死守于过去的经验的人，难免会碰大钉子。

生命之树常青，万事万物都在变，认识事物、改造事物的方法也在变。今天适用的方法明天不一定适用；此地适用的方法，彼地不一定适用。如果一个人缺乏灵活应变的能力，那么可以肯定，世界上任何有效的成功方案对他都不会有用。在任何成功的道路上都是没有金科玉律可言的，全凭你的机智敏锐地探知变化，灵活地改变方法。否则，是注定要吃苦头的。

人生有涯而知无涯

社会在不断发展变化，我们也应该与时俱进。人这一生虽短，但要学的东西却有很多，不努追赶怎么能行?

欧阳修在滁州担任太守时，曾去城外山中一游，在那里写了一篇《醉翁亭记》。晚上欧阳修回到府衙后，亲自将写好的文章抄写了六份，招来两个衙役，让他们把这篇文章分别贴到各个城门口去，一个城门贴一份。两个衙役似乎没有领会太守的意思，不明白大人写的文章为什么要贴到城门口去。

欧阳修用手拍着两个衙役的肩膀说:“让过路人帮我改文章呀！人常说，一人才学浅，众人见识高。大家一定会把我的文章改得更好的，你们快快去贴吧!”

随后，欧阳修又派出六班锣鼓手，分别到各城门口一齐高喊:“滁州太守欧阳修昨日写了篇《醉翁亭记》,现张贴在此，敬请黎民百姓、过往商贾、文武官吏都来修改。”

整个滁州城一下子热闹起来，城里城外的人们都分别赶往六处城门去看太守的文章，边看边议论。有的说:“这篇文章写得真好，文辞优美，意境又好，真是一篇不可多得的文章啊!”有人说:“太守写的文章还要让老百姓帮他修改，真是古今少有的新鲜事!”

欧阳修一直等到傍晚时分，才有一个打锣的公差领来了一位50开外的老人。公差高声禀道:“太守大人，琅琊山李氏老人前来帮您修改文章。”

欧阳修赶紧迎了出去，只见那老人头扎粗纱黄巾，脚穿布袜草鞋，肩上扛了一根挂着绳子的扁担，右手拿着一把斧子，看他那身装束，就知道是个砍柴的樵夫。欧阳修过去拉着老樵夫的手问道:“请问老人家，您今年多大岁数了?”

“不敢，不敢，小的今年59了。”老人忙不迭地说。

“这么说来，您是兄长了。请上坐!”欧阳修边说边让老人坐在太师椅上，然后毕恭毕敬地说:“烦请兄长指教，下官的那篇文章何处需要修改?”

老人放下手中的扁担、斧子，诚恳地说:“大人，不瞒您说，您的文章我听人读了，句句讲的是实情，就是开头太啰唆了!”

欧阳修听罢，便从头背诵起自己的文章来:“滁州四面皆山也，东有乌龙山，西有大丰山，南有花山，北有白米山。其西南诸峰，林壑尤美……”

刚背到这里，老人挥手打断了他，说:“停，大人，毛病就在这里。”

欧阳修顿然醒悟，赶忙说:“您的意思，是不必点出这些山的名字?”

老人笑了笑说:“正是，大人。不知太守上过琅琊山的南天门没有?站在南天门上，什么乌龙山、大丰山、花山、白米山，一转身子就全都看到了，四周都是山!”

欧阳修听了，连声说道:“言之有理!言之有理!滁州四面皆山。”

欧阳修沉思片刻。拿出文稿，把开头改成“环滁皆山也，其西南诸峰……”然后一句句地读给老人听。

老人满意地点点头说:“改得好!改得妙!这回一点也不啰唆了!”

事情传开后，人们都为欧阳修的谦虚品质所折服。正是由于欧阳修的谦虚好学，才使他成为一代文豪。说来好笑，大名鼎鼎的苏轼也有因为骄傲而吃大亏的事情。

有一次，王安石与苏东坡两人在一起讨论王安石的著作《字说》。王安

石在这本书中把一个字从字面上解释成一个意思。当他们讨论到“坡”字时，王安石说：“‘坡’字从土，从皮，‘坡’就是土地之皮。”苏东坡笑道：“如此说来，‘滑’字就是水的骨喽？”王安石又说：“古时候的人造字，都是有其固定含义的。”东坡一下子找出了王安石话中的破绽，故意说：“‘鸠’字是九鸟，你知道其中的原因吗？”王安石不知道这是个玩笑，还以为真的是自己不明白，便连忙虚心向他请教。东坡笑着说：“《毛诗》说‘鸠鸠在桑，其子七兮。’加上他们的爹妈，一共是九个。”王安石一听，知道他是在卖弄，便不说话了。

过了不久，苏东坡在翰林学士位上遭到贬谪，被派往湖州做刺史。很快三年期满，又回到京城。在回来的路上，苏东坡想：当年不小心得罪这位老太师，可能上次遭贬就是因为他的缘故。所以，回到京城他还来不及收拾停当，便骑马往王安石府奔来。

作为当朝的有名才子，苏东坡一到相府门口，就被门前的一位管事的小吏引入书房。守门官说：“请您稍等，老爷正在睡觉。还没醒呢！”东坡点点头，便在书房内坐下了。

守门官走后，苏东坡一人无聊之下四下打量起来，看到砚下压着一叠素笺，上面写着两句没有完成的诗稿，题为《咏菊》。苏东坡认得笔迹是王安石的，不由得暗笑了起来：“真是时间不等人。两年前老太师还能下笔千言，片刻既成，现在怎么江郎才尽，连两句诗都写得如此费力呢？”于是取过诗稿念了一遍：“西风昨夜过园林，吹落黄花满地金。”

看着诗稿苏东坡大为遗憾：“这两句诗都是胡说八道。”为什么呢？原来在古人眼中，一年四季的风都有名称：春天为和风，夏天为熏风，秋天为金风，冬天为朔风。这首诗开头说：“西风”，西方属金，这应该是说的秋季；可是第二句说的“黄花”应该是菊花。它开于深秋，最能和寒风搏击，即便是枯萎了，也不会落花瓣，所以说，“吹落黄花满地金”，不是错误的吗？

看到这里，苏东坡恃才傲物的劲头马上又上来了，他为自己发现了这个谬误而得意洋洋，兴之所至，他忍不住举笔蘸墨，依韵续了两句诗：

秋花不比春花落，说与诗人仔细吟。

写完，苏东坡便觉得有些不妥。想来想去，他还是决定三十六计走为上。他把诗原样放好，对守门官交代了几句便骑着马回住所了。

不一会儿，王安石醒来出堂，心内惦记着自己一首菊花诗还没有完韵，便径自往书房走来。坐定后，他一看诗稿，心中不禁大怒，马上皱起眉头问道："刚才谁到过这里！"

门房忙禀告："湖州府苏老爷曾来过。"王安石也从笔迹上认出了是苏东坡的字，口里不说什么，心下直犯嘀咕："这个苏轼，三年仍去不掉他的轻薄之性，不看看自己才疏学浅，敢来讥讽老夫！"但转念一想："他不曾去过黄州，没见过那里菊花落瓣，也难怪他。倒叫他去长一长见识。"于是他详查了黄州府缺官名单，那里单缺一个团练副使，第二天便奏明皇上，把苏东坡派到那里去了。

苏东坡也知道是自己改诗触犯了王安石，没办法只得领命。作为一代文豪，苏东坡有自命不凡的本钱，但这种在他看来理所当然的事，却使他吃了一个大亏。

与时俱进，不断学习

一个人是否有才，与他是否有一个聪明的头脑并不能成正比。唯有学习，方可成才。而且这学习并不单指读书，也不仅是考试成绩，还有经历，还有不懈进取的精神，认真刻苦的态度，以及与时俱进、不断学习的决心。

学习是一种持续不断过程，付出超越常人的努力也许并不能让你成为一个绝顶的高手，但至少有机会让你成为比一般人要强的高手；反之，纵使你有超常的天分，如果不努力，那么你有可能会成为高手，却不可能仅凭天分而成为绝顶的高手。

学习，仅靠努力是不够的，但没有努力却是万万不行的。

吴国的大将吕蒙15岁就跟着姐夫邓当去打仗，由于英勇善战，屡建战功，他31岁时就升为四野中郎将。但他文化水平很低，常闹出“目不识丁”之类的笑话。每逢给孙权上书，只能口述或让别人代笔。这样，有时难免词不达意，弄得孙权哭笑不得。所以，孙权劝吕蒙抓紧时间读书，并用自己和他人的体会予以开导，批评他不应强调军务繁忙而不求上进。这使吕蒙十分感动。从此，他开始发奋读书，而且进步很快，达到了相当高的文化水平。过了两年，吴国军事统帅周瑜病死，鲁肃接替周瑜为都督。鲁肃原以为吕蒙只是一个文盲武将，很看不起他。有一次，鲁肃路过吕蒙驻防的地方看望吕蒙，故意为难他，提出了许多战略上的问题。他本以为吕蒙一定会瞠目结舌，却不料吕蒙对答如流，特别是如何对待蜀国大将关羽，吕蒙讲了五条应敌之策，很有见地，有的连鲁肃也未曾想到。鲁肃这才发现吕蒙成了一个文武双全的人，大为惊喜，当即从座位上站起来，拍着他的肩膀说："我原来认为你只有武略，是个粗莽武夫，今天同你谈话才知你是一个有学问有见识的人，你已经不是当年吴下的吕蒙了！"吕蒙听了他的"学识英博、非复吴下阿蒙"的评语以后幽默地说："士别三日，即更刮目相看。"

吕蒙通过读书大大提升了他在朋友心中的地位，他之所以能成功，很大程度上要归功于孙权这一番明效读书大义之劝。

作为一个领导者，知识的多少直接影响其威信的高低。知识丰富的领导者，由于有真知灼见，思想敏锐，洞察力强，所以容易取得群众的信任，受到人们的尊敬。相反，如果一个领导者知识面窄，腹中空空，对事物一无所知，人云亦云，讲起话来东拉西扯，不得要领，一定不会让众人信服的。因此，领导人必须善于学习，更新知识，开阔视野，不断地丰富和充实自己。

站在时代前列，企业领导者只有拥有强大的学习力，掌握所需要的知识，不断进行观念创新和实践创新，才能跟上时代的步伐，否则就会被不断变化的时代所淘汰。作为一个领导者除了自己要有不断学习的进取精神外，还应该鼓励部属通过不断地学习丰富自己。

衡量企业家能否成功的尺度是创新能力，而创新来源于不断地学习，不学习不读书就没有新思想，也就不会有新策略。孔子说："朝闻道，夕死可矣。"正是终生学习的最佳写照。

领导者所做的工作，是一种组织人、协调人、带领人的工作。领导者的这种工作地位决定了其工作好坏不仅影响着其个人，更影响着整个团队。俗话说："兵熊熊一个，将熊熊一窝。""一个由绵羊带领的狮群打不赢一个由狮子带领的羊群。”说的就是这个道理。而领导者工作的好坏，又与领导者是否注重学习和善于学习密切相关。一个不注重学习的领导干部，是难以跟上纷繁复杂的现实的。要做合格的领导者和管理者，必须大力加强学习，努力用人类社会创造的丰富知识来充实自己。争做“学习型”领导，才能更好地推动“学习型”企业的建设，才能更好地推动企业的改革与创新。

企业家之间的竞争是综合素质的竞争。因此，企业家要使自己成为终生学习者，做一个全面自主、全过程的学习者。要有思考研究的理想与激情，要有明确的研究方向，要有坚定的研究计划和意志，要善于独立思考和与他人交流，不断实现突破。梁起超早年曾经说过：“以昨日之我战今日之我，以明日之我战今日之我。”

有一位年过70的老板是国际经济法的在职研究生，每个月都要坐飞机去北京听课。有人就问他，为什么要这么辛苦。他说：“学习是比较辛苦，但是如果不学习的话，我的企业就会踏步不前，也不会有什么创新，我必须用学习来充实自己，补充自己所缺乏的知识，这样才能让我的企业有持续不断的改革和创新，让我的企业始终走在时代的前沿。”

领导者爬到顶峰之后还知道不断学习，每天进步一点点，灵魂深处有着一种渴望日日复新的强大力量，那才是“王”的境界。

身为领导者的第一个条件，就是比别人更努力，领导者就是榜样。人们更多地通过领导者来获取信息，他们受看到领导者做的影响比听到领导者说的影响要大得多。作为一个领导，应该如何来管理好员工，让员工能接受管理，靠的是什么？靠的是领导的权威。那么如何塑造自己的权威？就是用知识去领导员工，做不到这点就不能在员工中树立起威信。领导者要有较高的威信，就必须使自己在学识和能力方面胜人一筹，使下属对自己有一种敬佩感、敬畏感和信赖感。现代领导，在很大意义上是能力领导、技能领导、知识领导。因此，对管理者来说最重要的是要不断地学习以发展自己。我们居住在一个瞬息万变的世界里，只有思想上不断接受新观念、不断寻找机会学习和发展的人才会获得成功。同时，这对管理者树立的榜样也是最重要的一点。我们一直被教导要尽量把事情做对，而不是搞创新和试验。只有当管理者乐于“寻觅惊奇，渴望未知”时，员工才会自觉地也这样做。

孔子曰:“三人行，必有我师”，学习同行的先进经验，向同事甚至下属学习自身不具备的能力，不断充实自己。但管理者除了自学之外，还有一个重要的责任，便是带领整个团队进行学习。领导以身作则，保持时刻学习的状态，在团队中举行各种培训，营造浓厚的学习氛围。只有学习型的团队才能不断持续发展，永远立于不败之地。一支优秀的团队是企业征战的一把利器，团队领导者是这把利器的锻造者，只有主管们身先士卒，率先垂范，勇于承担责任，并与员工们打成一片，真正成为员工的良师益友，才能将团队成员紧紧联系在一起，发挥超出全队力量几倍甚至几百倍的能量，为共同的未来而奋战!

要想踏准时代的节拍，在工作中有所创新，都离不开持之以恒的学习。不学习，就会落伍掉队；不学习，就会闭目塞听；不学习，就会贻误事业，错过发展的良机。那么作为一个领导者该如何不断地充实自己呢？就是要建立终身学习制。勤于学习，善于学习，不断在学习中充实自己，提高自己。坚持理论和实际相结合，既学习书本知识，又在实践中锻炼提高，做学习的表率。

凡是有进取心的人都很重视学习，学习是一种态度，更是一种修养；善于学习，不仅是一种素质，更是一种追求。要想成功，就必须从学习开始。

不断提升自身能力

如今职场上出现了“汉堡人才”这个新鲜词语。所谓“汉堡人才”，就是指那些拥有本科以上学历，持有至少一项职业资格证书或技能证书，但在跳槽中却屡战屡败，得不到理想职位和薪水的人。这样的人就好像巨大的“汉堡”，虽然外表看上去光鲜，实际上却没有“营养价值”。

为什么这些看上去光鲜的人才，却找不到合适的职位呢？因为他们虽有高学历和证书贴金，但在工作的时候却发挥不出自己的能力和实力。在这个竞争激烈的职场中，重要的是“我有你没有的能力”，如果“你有我有大家有”，又有什么竞争优势呢？因此，最重要的是要将所学转为能力不断去提升自己的能力和实力。

就以比尔·盖茨为例，如果他不去努力提升自己的能力和实力，也许现在他开的只是一家小公司，也只能赚一点钱。正因为他不满足于现状，全力以赴地提升自己，追求更高的目标，才能走到今天的位置，获得今日的成功。事实上，他在提升自己的能力和实力的同时，也从根本上提高了自己的身价。

如果你是职场人士，更想获得晋升，获得赏识和重用，就必须不断提升自己，这样才能具备可以胜任那份工作的能力。要知道，尽职尽责只能说是称职，绝不能说是优秀。要想出类拔萃，必须要拥有不断提升自己的想法，因为提升才能让你更有价值。

如何提升自己的能力和实力呢?

第一，善于在工作中学习和总结。

在工作中遇到问题时，书本通常无法直接告诉我们答案，那么我们可以对工作过程提几个问题，想想自己当初是怎么想的，为什么会那么想，究竟错在哪里，怎么纠正，等等。如此这般地长久磨练，必定能让你的能力和实力得到提高。

第二，学会有效地掌控时间。

比如，有一个初涉职场的年轻女孩，一天要接听、处理很多电话，客户的、上司的，还有其他人的，这些交错的人际关系搞得她焦头烂额，疲于应付，工作效率也极低。后来，有人教给她一个方法：实在紧急的就直接解决，如果不是那么紧急，可以先把问题记录下来，集中到某一个时间再逐个解决。这样一来，女孩节省了不少时间，工作起来也更加得心应手。

第三，学会换位思考问题。

比如，你可以经常把自己放在客户或老板的位置考虑一下问题，想一想你如果碰到同样的情况会怎么做。这样，就能更理性地做好自己的工作，同时也能让对方很满意。

第四，善于表达自己的创意和想法。

在工作完成向上级汇报的时候，记住要有自己的想法，如果自己是领导人，更应该学会做决定。如果事无巨细样样汇报，又唯唯诺诺，没有主见的人，是不会得到领导赏识的。一些小的细节和反面要让领导知道这是为什么，而大的地方则让领导过目，征得他的同意再实施。

第五，永远都不要说“NO”。

要相信没有克服不了的困难，只是你现在还没找到合适的方法，而不是其他的任何原因。

无论你身处什么行业，无论你职位有多高，无论你拥有什么技能，无论你现在的薪水有多丰厚，你都要告诉自己:“要不断提升自己，我的位置应该在更高处。”

要想让别人把你看得更高，就必须有强烈的自我提升的欲望。通常一些杰出的人物都是不安于现状的，随着自我能力的提高，他们的标准会越定越高；随着眼界的开阔，他们的能力和实力也越来越强。于是，他们的职位也越来越高，最后取得成功。很多成功人士告诉人们，为什么有的人资质比他们好但至今人碌碌无为，就是因为他们从未想过提升自己，给自己更高的定位。

民间有句谚语说:“学如逆水行舟，不进则退。”职业前途也是如此。如果你不能成长，不能提升，就很难让公司和领导看到你的进步，很难提高自己的身价，也很难得到领导的赏识和获得晋升。但如果你积极提升自我能力和实力，又有何惧呢?

在学习和应用中创新

祖冲之从小就苦读了许多天文、数学方面的书籍，勤奋好学，刻苦实践，终于成为我国古代杰出的数学家、天文学家。祖冲之就非常善于学习，并在前人的基础上积极挖掘、创新。

求算圆周率的值是数学中一个非常重要也是非常困难的研究课题。在中国古代，人们从实践中认识到，圆的周长是“圆径一而周三有余”，也就是圆的周长是圆直径的三倍多，但是多多少，意见不一。在祖冲之之前，中国古代许多数学家都致力于圆周率的计算，刘徽提出了计算圆周率的科学方法——“割圆术”，即用圆内接正多边形的周长来逼近圆周长。用这种方法，刘徽将圆周率计算到小数点后4位数。祖冲之在前人的基础上，经过刻苦钻研，反复演算，将圆周率推算至小数点后7位数（即3.1415926与3.1415927之间），并得出了圆周率分数形式的近似值。公元464年，祖冲之35岁时，他开始计算圆周率。

祖冲之是和他儿子一起从事这项研究工作的，当时条件很差。他们在一间大屋的地上画了一个直径1丈的大圆。从内接正6边形开始计算，12边形，24边形，48边形的翻翻，一直算到96边形，计算的结果和刘徽的一样。接着，内接边数再逐次翻翻，边数每翻一次，要进行7次加减运算、2次乘方、2次开方，运算的数字都很大，很复杂，在当时的条件下，是十分困难的。祖冲之父子一直算到24576边形，得出了圆周率在3.1415926和3.1415927之间，精确到了小数点后7位。其近似分数是355/113，被称为“密率”。他计算出圆周率在3.1415926和3.1415927之间，被称为“祖率”。

美国《商业周刊》2009年5月评出了美国业绩最优秀的50家公司。这50家公司在经营管理方面最突出的特点就是积极创新，首先是公司领导人在经营方法上敢于创新，其次是他们高度重视科技产品和服务的创新。

一个富有创新的领导者才能面对瞬息万变的市场和新的机遇，以敏锐的洞察力，以迅捷的反应和正确的决策迎接新的挑战。既然创新决定发展的竞争力，那么，在企业中，领导不能不具备创新意识。创新决定不仅仅要表现在技术上，更重要的是要表现在经营管理思路、经营管理策略和经营管理方法上。如果领导没有创新意识，企业也不会有什么大的创新，就会固步自封，走向失败。这一点对于任何领导或公司都是同样的。

正如通用汽车公司前总裁杰克·韦尔奇所说的，一个企业家最差劲的表现就是缺乏创新、不思进取。没有知识和技术创新，对一个企业是非常危险的致命信号。

老福特一世16岁闯天下，依靠杰出的管理专家和机械专家，使福特公司成为世界上最大的汽车公司。但老福特面对成功后的荣誉忘乎所以，以为一切都是自己的功劳，不听别人的意见，在汽车需求已经多元化的情况下，他仍然坚持认为，美国人只需要价格低廉的T型车，结果福特汽车永远地离开了汽车工业的老大位置。老福特正是因为没有继续创新，紧跟时代，才导致了后来的惨败，永远走进了历史的相册。

相反，耐克是由于创新而赢得了成功。耐克不断改进自己的运动鞋，以适应人类行走和奔跑的需要；不断寻找为当代年轻人所接受的明星作为代言人，希望永远被认为是“酷”的代名词。如果没有持续创新，已有几十年历史的耐克就会被年轻一代抛弃。

在充满机遇和挑战的21世纪，企业面临的挑战和考验是前所未有的，作为领导者必须立足当前，着眼于全局性、长远性的高度，通过思维创新，以新思想、新认识、新方法才能适应新形势发展的客观要求，创造性地开展工作。

企业的核心竞争力就是创新，作为个人也是如此——理论创新、产品创新、技术创新、管理创新、文化创新。只有创新，才能独领风骚。

第十四章　做人要本分

什么叫本分？

就是要牢记自己的位置，做你该做的，不要这山望着那山高，也不要自甘堕落，苟且度日，不思进取。自信、勤奋、诚实、守信，是本分，团结合作、参与竞争也是本分。

是不是本分，区分的关键在于该与不该，而非能与不能。因为能与不能只关乎个人能力，而能力是可以通过不断努力去提高的，是任何人都可以改变的；但该不该则关系到社会秩序和规则体系的维护，是不可能因为某个人而轻易打破的。

勤奋努力高于天赋

天才不需要勤奋——这是人们常有的一种错误观点。在有的人眼中，天才具有非凡的能力，因此他们根本不需要努力，就能够功成名就。这作为一种观念，本来也无伤大雅，可问题在于，对于天才的评定标准每个人都有自己的看法。这样一来，将自己划归天才行列的就大有人在了。其结果也是不言而喻的。

我们不否认天才的存在，否则我们就没有办法解释，为什么莫扎特在那么小的时候就能弹奏出如此美妙的钢琴曲。以他的演奏水准，也许很多人苦练一辈子也无法望其项背。但是，我们仅仅是承认天才的存在，而并不意味着什么人都可以是天才，毕竟天才是稀有的。是的，天才大都能干出一些惊天动地的大事。但问题是，我们是天才吗？如果我们是天才，那么毫无疑问我们的确也可以做到这一点，但是，如果我们不是天才呢？不是天才，又想像天才那样做事，等待他的必将是一败涂地！

事实上，面对这个问题，保持低调的心态是最可取的。在低调者眼中，天才无疑是可以存在的，但千万不要认为自己是天才，低调者对自己的能力大多都有一个正确的认识。他从来不妄自尊大认为自己就是一名天才，而是时时刻刻告诫自己：自己是一个普通的人，和天才不一样。面对天才，低调者只会微笑着注视他们，羡慕与懊恼绝不会出现在他们的脑海中。因为在他们眼里，勤奋比天赋更重要。

在低调者看来，想要取得成功，每时每刻都不能浪费，勤奋就是打开成功之门的密钥。低调者永远都是勤奋地工作。相反，那些自命不凡的高调者却不愿意努力地去工作，而一旦他们取得了一点小小的成就，就会四处宣扬，只想一夜成名，震惊世界。勤奋，在他们眼中就是蜗牛才有的品德，而他们是绝对对此不屑一顾的。叫他们承认尽心尽力工作是根本不可能办到的事情。他们不愿意坚持，更不相信辛勤劳作同样可以创造出天才所取得的成功。

低调者相信有天才，但同时他们也认为，勤能补拙。换句话说，天才是可以通过勤奋创造出来的。在低调者眼中，天才有两种：一种是我们所说的传统意义上的天才；而另一种则是通过自己勤奋工作创造出来的“天才”。在低调者的眼中，他们更愿意接受后者这样的人。他们也许并不比其他的人高明多少，但是勤奋使他们步入了天才的行列。

对我们来说，这种观念是极为宝贵的。尤其对于那些天赋不高的人来说，更是如此。因为即使没有很高的天赋，只要能够安下心来努力去锻炼自己的能力，掌握必要的技巧，付出艰辛的汗水，那么同样能够取得成功。相反，有些人依仗不错的天赋不去努力，只靠想象，整天期待着奇迹的发生，只靠天上掉馅饼，最终注定一无所获。

而反观那些勤奋努力的人，他们往往会在自己专注的某一领域取得更大的成就。

彼得大帝算不上是一个天才。作为俄国王位的继承者，他也是通过常人无法想象的艰苦努力才得到王位的。与其他王室成员相比，他更经常地穿着工作服去劳作。26 岁的时候，他自愿离开了自己安乐的王宫，开始周游列国，向这些国家的优秀人才学习。在荷兰，一直想建立自己强大舰队的他甚至自愿当了一名造船学徒；在英国，他更是在造纸厂、磨房、制表厂工作，他不仅细心地揣摩学习，而且像普通工人一样干活、拿工资。这样，他才能体会到普通民众的艰辛与喜悦。伟大如同彼得大帝这样的人尚且需要如此勤奋地工作，更别说我们这些普通人了。

一个人要想成就一番事业，就必须努力、勤奋，比别人付出更多的心血与汗水，因为“物竞天择、优胜劣汰、适者生存”——这一法则，不仅在生物界适用，在人类社会也适用。如果一个人觉得他们的天分比其他人高，运气比别人好，一味以“天才”自居，凡事总要给自己找一个可以偷懒的理由而不愿意付出汗水，那么等待他的最终结果就是被淘汰。

坚定意志，当断则断

一位成功学大师指出："在事业上为了成功，并没有什么十全十美的方式，如果要说有的话，就是要具有决断力。"

做最终决定的是你，在你做决定的时候，对事实的认识也是需具备的另一能力。

可是，即使具备了这两种能力，并非就能处理所有的问题。做决定时，经常要当机立断。事实上，有很多这种机会，常在太过犹豫不决的人的眼前丧失掉了。

将事情发展的情况做有组织的整理，仍无法导引出有建设性的结论，于是以忧虑、焦躁不安来打发时间的人，也一样会丧失很多机会。

所谓从商做生意，即意味着做意志决定、试图出新点子、下赌注、掌握机会、获致胜利，甚至是面对输掉、失败等残酷的困境。

任何一个优胜者，并不是每场一定必胜，只是战胜的情况居多而已。然而，时常恐惧失败，连尝试去迎战都不敢的话，那么制胜的机会就不可能到手了。做生意也是相同的道理。在不畏惧下踏出婴儿般的一小步，不久之后，为了接受胜利的目标，就能无所畏惧地跨出巨人般的一大步。

欠缺决断力的另一个原因是完全处在一种怠惰的状况，你在做一个有效的决定时，却没有耐心去花较长的时间做收集情报的工作。

收集足够的事实是发挥决断力的必备前提。

将所有事实收集后，在每一项目上加上“+”或“-”的记号，再准备一张白纸和一支笔，只需多花一点时间来做即可。在纸的正中央画一条纵线，一半将它当作正面栏，另一半则当作负面栏。对这两栏的各项因素很谨慎地加以评估，然后再将各项因素旁边做1~20分的评分，接着统计正、负两栏的数值。

如果一栏的得分数比另一栏的得分数领先很多的话，那么你应该做决定的方向就很清楚了，或者有相反的想法的话，则整个计划重新构思、再评估的必要性也很明确。如果两栏的评分数相差不大的话，凭过去的经验，就只有委托给你的运气来决定了。

不过，在所有的预备作业结束之际，一定要针对问题来探讨，直到找出最后的结论。在提出结论之前，或者在提出之后，被不安所驱使而焦虑的时间，最好连一瞬也不要浪费。

一旦下定决心的话，就不要再改变主意、牵肠挂肚、忧虑不安，这是一些身经百战的领袖们的信条。

乐于合作，不惧竞争

现代社会是一个充满竞争的社会。竞争是指为了自己的利益而跟人争胜。“物竞天择，适者生存”，这是竞争的本质和普遍规律，也是自然界、人类社会得以前进的动力所在。可以说，竞争是无处不有、无时不在的。合作是指两个或两个以上的人为了完成一项工作而团结一致，齐心协力。竞争者与合作者作为竞争与合作的主体及对象与竞争合作相伴而生、相伴而灭。

合作与竞争看似水火不相容，其实不然，合作与竞争有许多相通的地方。二者可以说几乎伴随着人类的出现而同时出现。从原始社会到奴隶社会，再从封建社会到资本主义社会，直至今天的社会主义社会，合作与竞争不仅没有削弱、消亡，相反，随着时间的推移和社会的进步，趋势愈加增强。而且，随着人类生存空间的不断拓展，交往的不断扩大，人与自然斗争的不断深化、科技的不断发展，合作与竞争的联系也在日益加强。在向知识经济时代过渡的征途中，高科技的发展水平和发展速度已经超乎了人的想象，通讯、交通等的发展使人们之间的沟通与交流变得空前容易，不论是国与国之间、组织与组织之间，抑或是具体的个人之间，竞争与合作已经成为了不可逆转的大趋势。在这样一个时代里，开展交流与合作的成本将大幅度降低，而效率则将大幅提高。实际上，任何一个人，任何一个民族、国家都不可能独自拥有人类最优秀的物质与精神财富，而随着人们相互依赖程度的进一步加深，那种“一人打天下”的思想多少显得有些幼稚，封闭的个人和孤立的企业所能够成就的“大业”将不复存在，合作与团队精神将变得空前重要。缺乏合作精神的人将不可能成就事业，更不可能成为知识经济时代的强者。我们只有承认个人智能的局限性、懂得自我封闭的危害性、明确合作精神的重要性，才能有效地以合作伙伴的优势来弥补自身的缺陷、增强自身的力量，才能更好地应对知识经济时代的各种挑战。

每个人的能力都有一定限度，善于与人合作的人，能够弥补自己能力的不足，达到自己原本达不到的目的。

每年的秋季，大雁南飞常常以“V”字形状长途迁徙。雁在飞行时，

“V”字形的队形基本保持不变，但头雁却是经常替换飞行的。头雁对雁群的飞行起着很大的作用。因为头雁在前开路，它的身体和展开的羽翼在冲破阻力时，能使它左右两边形成真空。其他的雁在它的左右两边的真空区域飞行，就等于乘坐一辆已经开动的列车，自己无需再费太大的力气克服阻力。以此类推，成群的雁以“V”字形飞行，就比一只雁单独飞行要省力，也就能飞得更远。

人只要相互合作，也会产生类似的效果。只要你以一种开放的心态做好准备，只要你能包容他人，你就有可能在与他人的协作中实现仅凭个人的力量无法实现的理想。有一句名言：“帮助别人往上爬的人，会爬得最高。”

尊重别人就是尊重自己

这个故事也许很多人都听过了。

一个身高不足1.4米的中国英语教师被挑选作为本地区唯一的代表，参加一个教育团赴新西兰学习访问。在新西兰，他们受到了当地政府的隆重欢迎，迎接他们的是新西兰市的市长。政府先安排他们参观了当地的学校，并与当地的学生、老师进行了交流互动，然后安排他们到当地旅游胜地游览。

短短的几天时间里，新西兰市市长虽然公务缠身，但还是多次接见了他们。临别时，市长主动提出大伙儿一块合个影。

摄影师调好焦距开始选取角度，这时，难题出现了。相比之下，高大的市长就像一棵挺拔的大树，而这个矮小的老师则像一株灌木，无论大家怎么调整，整个画面还是显得十分不协调，根本无法将集体合影完美地表现出来。

这位矮个子老师很尴尬，她红着脸提出干脆自己不参加合影好了。市长微笑着否定了，说自己有办法解决。让大家始料不及的是，市长竟微笑着在众人当中跪了下来！而他的这一举动，也使得画面正好符合摄影师拍摄的最佳高度，此时的画面布局十分和谐。

为了让一个矮个子的中国女教师完美地进入画面，一个风度翩翩的市长竟当众跪了下来，教师们都非常感动。

市长下跪不是一种屈辱，而是一种尊重！没有谁会认为这位伟大的市长是卑下的，相反，他赢得了人们的尊重，因为他给予了别人尊重。然而，那些根本不知道尊重别人的人，也不尊重自己的人格。他们将自己的人格自动降为了低等。

下面这个故事发生在美国纽约曼哈顿。

美国著名企业“巨象集团”总部大厦楼下的花园。一天，一位 40 多岁的中年女人领着一个小男孩走到这里，在一张长椅上坐下来。她不停地跟男孩说话，一副很生气的样子。不远处，一个看上去像是园林工人的头发花白的老人正在专注地修剪灌木。

忽然，中年女人从随身挎包里扯出一张纸，揉成团后一甩手扔了出去，纸团恰好落在老人刚剪过的灌木上。老人诧异地转过头朝中年女人看了一眼。中年女人也满不在乎地看着他。老人什么话也没有说，走过去拿起那团纸扔进一旁装垃圾的筐子里。

过了一会儿，中年女人又扯出一张纸，重复刚才的动作，纸团依旧落在了灌木上。老人再次走过去，把纸团拾起来扔到筐子里，然后回原处继续工作。可是，老人刚拿起剪刀，第三团纸又落在了他眼前的灌木上……就这样，老人连续捡起了六七个纸团，但他始终没有因此露出不满和厌烦的神色。

“你看见了吧！”中年女人指了指正在修剪灌木的老人，言辞俱厉地对男孩说：“我希望你明白，你如果现在不好好上学，将来就跟他一样没出息，只能做这些卑微低贱的工作！”

这时，老人放下剪刀走过来，让人出乎意料的是，他对中年女人说：“夫人，这里是集团的私家花园，按规定只有集团员工才能进来。”

“那当然，我是‘巨象集团’所属一家公司的部门经理，就在这座大厦里工作！”中年女人高傲地说着，一副肆无忌惮的样子，还掏出证件在老人眼前晃了晃。

“我能借你的手机用一下吗？”老人沉吟了一下，突然问中年女人。

中年女人不想借，可又觉得有失身份，于是极不情愿地把手机递给老人，同时又不失时机地“开导”男孩：“你看这些穷人这么大年纪了连手机也买不起。你今后一定要努力啊！”

打完电话，老人把手机还给了中年女人。很快地，一名男子匆匆走来。走到老人面前停下来了，毕恭毕敬地站在那里。老人对这名男子说：“我现在提议免去这位女士在巨象集团的职务！”“是，我立刻按您的指示去办！”男子忙不迭地连声应道。吩咐完毕，老人径直朝小男孩走去。他抚摸着男孩的头，意味深长地说：“我希望你明白，在这世界上最重要的是要学会尊重每一个人……”说完，老人撇下三人缓缓而去。

骤然发生的一切霎时让中年女人惊呆了。原来此人是巨象集团主管任免各级员工的一个高级职员。“你……你怎么会对这个老园丁那么尊敬呢？”她大惑不解地问。

“你说什么？老园丁？他是集团总裁詹姆斯先生！”听到这话，中年女

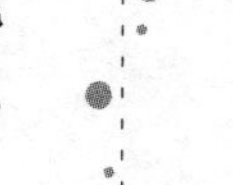

人刹那间明白了一切，一下子瘫坐在长椅上。

要想赢得别人的尊重，首先得学习如何尊重他人。不会尊重别人的人，也必将得不到别人的尊重。一个人如果要取得成功，很多时候是少不了请求别人的帮助的，而别人的帮助是建立在得到尊重的基础上的。只有怀着一颗感恩的心来对待每一个人，表明自己对他人的尊重，我们才能得到别人的帮助，从而使一个个难题迎刃而解，这样才能取得生活和事业上的成功。

给别人面子就是给自己面子

面子一直就是个非常敏感的话题。特别是对于中国人来说，面子更显得异乎寻常地重要，总是在尽一切可能来保住颜面。为了这个面子，人们往往会做出违背常理的事情来。

有些人为了维护自己的面子，或者为了争面子，或是一时意气，遇见别人犯了点小错误就抓住机会或大加指责，或高谈阔论，不把别人弄个灰头土脸决不罢休，一点情面也不给人留。诸如此类的做法，得到的不过是一时痛快，种下的却是总有一天会长出毒苗的祸根。

凡是喜欢指出别人错误的人，无论是以什么方式，一瞥蔑视的眼神，一种不屑的腔调，一个不耐烦的手势，都有可能给自己带来非常难堪的后果。你以为他会赞同你说的这些话吗？绝对不会的！因为你的话是在否定他的判断力，是在贬损他的智慧，是在打击对方的自尊心，同时，你的话也伤害了他的感情。最重要的是，你的纠错行为已经向他提出了挑战，这就是不给他面子。而恰恰由于你的不给面子，他的反击也必将是毫不留情的。

做人首先要给别人保留面子。即使自己的口才出类拔萃，会做人的人也不愿与别人争论，即便是迫不得已被卷进了争论，他们也甘愿充当一个失败者。

争论是百害无一利的事情。遇到可能与人发生争执时，不妨换位思考一下，努力使自己站在对方的角度去理解，给对方留足面子。争论的最大害处就是使友情结构出现基元性破损，使本来苦心维护的友情大厦坍塌，直至敌意环生，让自己背生芒刺。争论下产生的结果只有两种：一是越来越坚信自己所持观点的正确性，陷入自以为是的怪圈；二是即使意识到自己错了，但是基于面子，为了维护自尊，也不会向对方低头认输。人的固执本性在这时会显得异常活跃，双方距离拉大，争论结束了，友情也就跟着破裂了。

一个有修养的人，即使是有充足的理由，也不应该让对方没面子；至于没理也要辩三分，那就属于另一个意义上的命题了，更是万万要不得的做法。其实，保留面子的方式方法还是有很多的。古代有位很善于主持公道的蓝凯河，可谓是深谙此道的人。

有一次，河南信阳的一个人因为与他人结怨而心烦，曾经多次央求当地有名望的人士出面帮助调解。地方绅士多次上门调解，可是那个人就是不给这个面子。没办法，这个人找到了蓝凯河，请他来化解这段恩怨。

蓝凯河接受了这个请求，便亲自上门拜访那个人，积极地做了大量的说服工作，最后好不容易使这人同意和解了。照常理，蓝凯河此时不负所托，已经圆满地完成这一化解恩怨的任务，完全可以走人了。可是这个蓝凯河毕竟是棋高一招，就在一切讲清楚后，他又对那人说：“这件事情，我早就听说过去有许多当地有名望的人参与调解，但都因不能得到双方的认可而没能达成最后的和解。这次我很幸运，这是您给了我足够面子，使我了结了这件事情。在我由衷地感谢你的同时，也在为自己担心哪！您知道，我毕竟是个外乡人，在本地人出面都没能解决问题的情况下，由我这个外乡人来完成和解，这就未免使那些本地有名望的人感到丢面子了。所以，我真的感到很不安。”

这时蓝凯河又进一步说:“看来这件事我还得请你再帮我一次，目的就是，在表面上要做到让别人以为就是我出面了也还是没能解决问题。您看这样吧，等我明天离开此地之后，本地的几位绅士、侠客还会上门来劝说您，那么您就把面子给他们，让他们觉得是他们完成了这个两全其美的义举。拜托您了!”

蓝凯河能做到这一点是非常不简单的。本来功成身退就已经算是高境界了，还要把“劳动成果”拱手相让，为别人“摘桃子”创造条件，蓝凯河对于给他人面子的把握，可以说是圆滑通透的。

事实上，给足别人面子并不难办到，有的时候只是说几句恰当的话就可以了，但凡遇到这种无关紧要的给面子的机会，那是一定要抢着给的。当然，有的时候给面子也必需花费一点工夫，比如求人帮忙、替人办事，在这种情况下都应该综合考虑。如果确实属于人情往来，曾经受过别人的恩惠，或者是今后可能有求于人的，那就要给足面子。也有遇到可帮可不帮的情况，这时，即使不帮人家的忙，也应该以委婉的言词拒绝，为今后留有回旋的余地。在这里，帮是人情，不帮则是本分。

错而能改，善莫大焉

富兰克林说:“在我们犯错的时候，请让我们自愿改正。而在我们正确的时候，请让我们博得人心。”确实，在知道自己做正确的时候，我们常常得意忘形，忘记保持谦虚谨慎的态度，不再想自己也有犯错误的可能。我们说知错能改，就是让我们学会怎样正确地面对失败。失败本身就意味着已经犯了错误，在我们犯了错误时，又不积极地查找原因，反而将错就错，得过且过，就不能从根本上改正过来。所以说，知错能改，善莫大焉。

让我们拿富兰克林做个说明。

当富兰克林还是一个毛躁的年轻人时，他曾多次与人在聚会上争论。有一次，在争论过后，一位富兰克林十分敬重的老朋友把他叫到一旁，尖刻地对他说:“你这样做太不理智了，简直是无可救药。你看看在场的这些人，他们哪一个没有受到过你的攻击。你已经打击了每一位和你意见不同的人。你太专横了，有些时候，你并不是在发表自己的意见，而是在命令别人接受你的意见，这怎么能叫人承受得了。只要你在场，你的朋友们就会感到不自在。你的知识虽然丰富，但是你的脾气太倔强了，容不下他人，因此没有人再打算与你讨论些什么。长如以往，你怎么可能获得新的知识与见解呢?”

老朋友的一席话语，让富兰克林深感惭愧。此时的他正面临着社交失败的命运。他虚心地接受了老者的建议。从此，他给自己立下了一条规矩：“从今往后，决不允许自己在语言和文字上使用太肯定的意见、太武断的话，比如‘必须’、‘无疑’等等，而要试着改用‘如果’、‘假如’，或者是‘也许’等等。”

“当别人叙述一件事、陈述一个观点时，尽管自己不敢苟同，但还是要克制自己，决不能立刻驳斥对方的错误观点。”他要求自己这样回答对方：“在某些条件和情况下，你的意见无疑是正确的，但在目前这件事上，看来好像还可以这样，比如……”

富兰克林改正了自己专横的态度，结果他真的收到了意想不到的效果。凡是有他参与的谈话，气氛都变得融洽多了。他以谦虚的态度来表达自己的意见，这不但使自己的意见更容易被接受，还大大地减少了一些没有必要的冲突。自从他改为谦虚的态度后，他发现自己即使说得有错，大家也没有像以前那样群起而攻之；当他碰巧说对的时候，大家则纷纷对他大加赞赏。我们不能不承认，富兰克林在反省自己改正错误方面，是个绝顶聪明的人。

在中国，关于知错能改的道理也有许多广为流传的寓言故事。

楚国有一个姓周的读书人，他的儿子二十多岁了还不会说话，每次要表达什么意见时，就只能出声而不会言语。一次，一位路人经过时向读书人讨水喝。他听到屋子里发出的声音就问：“里头是什么声音啊？”

读书人告诉过路人说：“是我的儿子，他只能发声，而不能说话。”

路人说：“你能否回忆一下，想想自己以前有过什么过失没有。你的孩子不能说话，这可能和你以前所做的某件事情有关。”

读书人听完过路人说的话后，感到很惊讶，他心里想，这个人可能不是一般人。大概他会点什么吧？于是，读书人就认真地回想从前。隔了许久，读书人说：“我实在想不起来犯了什么过错。”

客人说:“你再试着回想一下幼年时的事情看看!”

又隔了很久，读书人对过路人说:“记得我非常年幼时，在我卧室床头之上正好有个燕子窝，里面有三只小燕子，母燕从外觅得食物回来哺育之时，三只小燕子都伸出口来接着食物。每天如此。我看到这个情形就试着把手指伸入燕巢中，雏燕也像接受母燕衔回的食物一样衔住我的手指。后来我就拿了三个有毒的野果送进燕巢，每只小燕子都吃了一个，不一会就都死了。母燕子回来不见小燕子，悲伤地叫着在屋顶上盘旋，连着这样好几天，最后飞走了。现在我想起这件事情，心里真的非常悔恨！悔恨自己的年幼无知！我真不该……”

过路人听完读书人的陈述，忽然间变成了修道人的模样，他对读书人说:“你既然已经自知悔过，那么你的罪孽现在就可除去了。”

过路人话音刚落，读书人就听见屋里传出了儿子说话的声音，而那个已经变成修道者的过路人却突然不见了。

在前进的道路上，谁都难免会出现这样或那样的过错。对一个想要达到既定目标、追求成功的人来说，正确对待自己过错的态度应当是：知过能改。

作为一个成熟的个体生命，每个人都有一种发自内心的优越感，并且总是将自己的这种优越感带进和别人相处的社交活动当中。这种与生俱来的优越感，会给你的生活和工作带来许多不必要的麻烦，乃至过失和错误。当人们在生活和工作中出现过失的时候，有些人能够主动承认自己的错误，并能从更深层的意义上蔑视自身的优越感，但是他们也常常担心，别人很可能因此把自己看成是笨蛋或胆小鬼。

其实这种看法是完全错误的。勇于承认错误并不是什么胆小鬼，而是一种难能可贵的、值得称赞的美德。而对待犯了错误的人，外部因素应该给以宽容的态度，要允许别人、自然也包括自己犯错误，允许认识错误，更要允许改正错误。这应该是最基本的“流程”。任何形式的失误，都是在这一过程当中走向正途的。

当人们犯了错误时，都竭力为自己辩护、为自己开脱。其实这是一种本能意识，是人性的一大弱点。真正达到知过能改并不容易，其首要原因是虚荣心。很多人一向认为，自己在各方面的能力都不错，很少会有失误发生，久而久之，自然也就养成了“一贯正确”的潜意识。可是当过错真的出现时，首先是心理上很难接受。于是，出于维护面子和捍卫自尊的目的，就会尽一切可能找理由开脱，或者干脆想方设法将过错掩盖起来。失误者为自己开脱责任的另一个原因，就是怕影响自己在他人心中的威信及信任。事实上，一个下级假如敢于正视自己的过错，则极有可能得到领导的赏识与信任；而当一个上级丝毫不掩饰自己的过错的时候，也会使下属对他更加敬重，从而提高在群众中的威信。

知过能改乃是一种积极向上、谦虚好学的人生态度。只有当你从根本上认识到它的积极作用的时候，才有可能身体力行地去倾听别人的善意劝解，才有可能打通思想暗结、真正改正自己的缺点和错误，而不至于为了一点点可怜的面子，去嫉恨和打击那些曾经指出过自己过错的人。

知过能改，往往成为胜利的关键之所在。比如，在美国北卡罗来纳州的夏洛特，有一个商人叫做格里，他在给西尔公司当采购员的时候，有一次发现自己犯下了一个很大的错误。而恰恰是这次错误，格里做到了知错能改，使他的事业跃上了新的高度。

当时，有一条对零售采购商至关重要的规则是：不可以超支账户上的存款余额。如果你的账户上不再有钱，你就不可以再购进新的商品，直到你重新把账户填满，而这通常都必须要等到下一个采购季节才行。

格里在一次正常的采购任务完成后，忽然有一位日本商贩向他展示了一款极其漂亮的新式手提包。格里一见这款新式手提包心里就打定主意要买下来，可这时他的账户已经告急了。格里知道，他理应在早些时候准备好一笔应急的款项，以便于应对眼前这种意料之外的大好机会。此刻，格里知道自己只有两种选择：要么放弃这笔对西尔公司来说肯定是有利可图的交易；要么，马上向公司主管承认自己所犯的错误，以便于请求立即追加拨款。正当格里坐在办公室里苦思冥想的时候，碰巧公司主管来访。格里当即就对他说："主管，我遇到了大麻烦，我犯了个大错误！"接着，格里真诚地解释了所发生的一切。

主管历来就不是个喜欢大手大脚花钱的人，但是，格里的坦诚感动了他。很快，这位主管设法给格里拨来了所需的款项。等手提包一上市，果然深受顾客的喜爱，卖得十分火暴。知错就改的格里也从超支账户存款这件事中汲取了很多经验，在此后的采购行动中，这一教训对格里来说具有非同寻常的意义。

孔子说："过而不改，是谓过矣。"犯了错不算什么，但是错了还不知悔改，那才是真的错了。

孔子还说过："知错能改，善莫大焉。"这句话给我们以很好的启示。如果人们能坦诚地面对自己的弱点和错误，并能够拿出足够的勇气去承认它、面对它，这不仅能够弥补错误所带来的不良后果，还能够改善和加深领导及同事对你的印象，从而很乐意地原谅你犯的错误。为了鼓励你改正错误，再次担当重任，可能还会交给你一些重要的工作。知错能改不但不是"失"，反而是最大的"得"。

值得强调的是，当你做错了事时，最大的敌人不是别人，而是你自己所谓的面子。有些人为了保住这个薄薄的面子，不惜颠倒黑白，混淆是非，把自己错误的行为说成正确的。对错误的姑息就是对生命的践踏，是将生命置于错而复错的恶性循环之中，无法步入真理的正途。

言必行，行必果，诚信做人

诚信是立身之本，尤其是现在这个讲求诚信的时代，诚实守信，不违诺言，就能广交朋友，事业有成。可是如果不讲诚信，漫天欺诈，就必然成不了什么大事。因此，重视诚信，实际上就是尊重自己。孔子曾经说过："人而无信，不知其可。"可见只有诚实守信的人，才能得到别人的尊敬和信任。

孔子的弟子曾子听说妻子为了让孩子听话，就哄骗其说要杀猪给他做肉吃，于是就真杀了家里仅有的一头猪。曾子怕的是大人说话不算话，影响到孩子将来的发展。一个人连小孩都不想欺骗，更何况大人，所以曾子后来很有成就。

战国时的商鞅为了便于推行改革，就曾大力树立威信。他在国都南门口立了一根三丈长的木头，并当众许下诺言："能把这根木头搬到北门的人，赏 50 金。"有一人抱着试试看的心态将木头搬到了北门，商鞅果真当场就赏了他 50 金。后来商鞅的变法取得成功，使得秦国逐渐强大起来，这和他言而有信有很大的关系。

信守诺言是一个人的基本品德，但是如果一个人连自己昔日的诺言都不能兑现，而是高高在上肆意妄为，那么，他何来信誉？何来尊严？那些不能够兑现承诺的人，不仅自己为之付出代价，而且会被世人斥为卑鄙的小人。李渊就是一例。

李渊能够登上帝位，建立强大的唐朝，次子李世民的功劳可谓最大。当初为了能够登上皇位，李渊一高兴就许诺李世民："大事如果成功，天下如果到手，就让你当太子。"这对于李世民来讲，实在是一个大大的美梦。可等到李渊当上了皇帝，就把当初的诺言抛到九霄云外了。这就导致了李世民被迫发动玄武门之乱，射杀太子，自己当了皇帝。而此时的李渊，面对轻许的诺言而无法兑现，致使自己的三个儿子自相残杀，自己也因为失信而被架空，成了没有实权的太上皇。

现代人需要拥有很多优良的品质，在综合素质当中，诚信是最为重要的。你若有诚信，外部条件就会加倍地放大你的人格魅力，帮助你的事业走向成功。

常怀感恩之心

所谓"感恩"，牛津字典的解释是："乐于把得到好处的感激呈现出来且回馈他人"。所谓感恩之心，就是对所有给予自己帮助的人表示感激，铭记在心。一个人能够感恩说明他不是将自己一直视为施恩者，这样他便能够将自己从高高在上的位置拉下来，正确摆正自己的身份。

如果有人说："没人给过我任何东西！"这应该是世上最大的悲哀。从这句话也不难得知，说话的人不论是穷人还是富人，他的灵魂一定是贫乏的。这样的人对恩义感觉迟钝，对怨恨却十分敏感。这样的人常常怨天尤人，觉得自己的人生充满不幸，前途一片灰暗。这种人对别人的要求特别高，喜欢用自己的思维模式来规范他人，整天抱怨他人却从不检讨自己，结果成为不受欢迎的人。

有些人只想从别人身上捞好处却不想回馈，这样的人是不受欢迎的。短视近利的后果，只会让帮助他的人感到失望，从此不再给予他支持和帮助。只会向别人索取的人，大多都不考虑自身的责任，不知道自己也应给予，甚至认为别人要算计他，对他不怀好意，最终会因为自己太狭隘而导致众叛亲离。

中央电视台曾报道过贵州山区一名普通教师的感人事迹。

这位老师姓陆，由于幼年曾患过小儿麻痹，使得他从此无法像正常人一样站立行走。但他心灵手巧，很多事情都能干，挣钱养活自己也不在话下。当时他每个月挣的钱要比当老师的月收入要高得多。可是，当村领导找到他，请他在村里的小学当教师时，他毅然决然地答应下来。他知道，因为没人愿意当老师，村里的小学已经停课一年多了。而因为山里的条件太差，使得许多孩子都辍学在家。就在这样的情况下，他开始了自己的教师生涯。这份工作对普通人来说不是什么难事，但对于不能站立行走的陆老师而言，就意味着他每向前跨一步，就要征服一道坎。而眼前的困难是：学校已经没有学生，他得去家访，动员他们回到学校。孩子们的家相距甚远，有的甚至还得穿过森林才能到达，这对于身有残疾的陆老师而言无疑是个像山一样的困难。为了能到达每一个学生家中，他做了一双特殊的像船一样的鞋子固定在膝盖下，帮他攀爬陡峭的山路。同时，为了在穿过森林时不至于成为野兽的口中食，他还专门做了一只铜哨，以便在遇到危险时吹响它吓唬野兽。就在那双特殊的鞋和铜哨的陪伴下，他将 70 多个学生一个不少地找回了学校。几十年间，他的“脚印”布满了周边的 7 个山区。

2006 年，陆老师 58 岁了，在社会各界的帮助下，医院给他做了手术。他第一次站了起来，并且第一次像正常人一样穿上了鞋子。那一刻，在困难面前从没抱怨过的陆教师忍不住潸然泪下。他说:“感谢社会的关爱，58岁才第一次站起来，第一次穿上鞋，这些都是社会给予的，我感谢社会。”他为这个社会无私奉献了一生，感恩的应该是这个社会，而他也理应受到社会的关爱，但是，他却因此充满了感激。

懂得感恩，是一个人能正确认识到自己与他人以及这个社会的关系的表现；学会报恩，则是在这种正确认识之下产生的一种责任感和回报意识。正是因为有了感恩和报恩，这个社会才充满了温情和和谐。因为感恩，人们可以认真、务实地从最细小的一件事做起；因为感恩，人们会自觉做到严于律己、宽以待人；因为感恩，人们能正视错误，互相帮助；因为感恩，人们会感觉到自己就生活在一个温暖的大家庭中，并不孤独……

人生的道路曲折而坎坷，总有些艰难险阻、挫折和失败横亘在前，阻止你前进的脚步。就在那一个个危急时刻，如果有人向你伸出双手，解除你生活上的困顿；有人为你指点迷津，让你明确前进的方向；甚至有人用自己的肩膀、身躯把你把你高高托起，助你攀上了人生的高峰，实现了你的人生梦想……在这样的情境下，你能不心存感激吗？你能不思回报吗？感恩的表现就是回报。回报，就是对哺育、培养、教导、指引、帮助、支持乃至救护过自己的人心存感激，并通过实际行动去回报对方，以表达自己内心的感激之情。

一个不懂得感恩的人，只会觉得这个社会所给予他的一切都是理所当然的，他所给予的回应就是冷漠和残酷。而一个常怀感恩之心的人，是心地坦荡、胸怀宽阔的，在别人遇到困难和挫折时，他会由此想到自己曾拥有过的帮助，从而以一种传递的理念给他人以帮助，并以此为乐。这就是常怀感恩之心的人容易得到快乐的原因。

莫以善小而不为

古人说："莫以恶小而为之，莫以善小而不为。"这句话讲的是做人的道理，只要是恶，即使是小恶也不要去做；只要是善，既是小善也要去做，这值得我们每一个人去深思。

有些人认为成大事者应不拘小节，岂不知这其中有些小节就是小恶，一个人的一举一动、一言一行无不体现出这个人的素质。

大家可能都听说过这样一个故事：

有一位老和尚，凡遇徒弟第一天进门，必要安排徒弟做一项例行功课——扫地。过了些时辰，徒弟来禀报，地扫好了。

师父问："扫干净了？"

徒弟回答："扫干净了。"

师父再问："真的扫干净了？"

徒弟想想，肯定地回答："真的扫干净了。"

这时，师父会沉下脸，说："好了，你可以回家了。"

徒弟很奇怪："怎么刚来就让回家？不收我了？"

"是的，是真不收了。"师父摆摆手，徒弟只好走人，不明白师父怎么也不去查验查验就不要自己了？

原来，这位师父事先在屋子角落处悄悄丢下了几枚铜板，看徒弟能不能在扫地时发现。大凡那些心浮气躁或偷奸耍滑的后生，都只会做表面文章，不会认认真真地去扫那些角落处。因此，也不可能捡到铜板交给师父。师父正是这样“看破”了徒弟，或者说，看出了徒弟的“破绽”，如果他藏匿了铜板不交师父，那破绽就更大了。不过，师父说他还没遇到过这样的徒弟，因为贪婪的人是不会认真地去做别人交付的事情的。

师父看出的“破绽”，是徒弟品德修养上的弊病。

衣服上的破洞需要缝补，而一个人品德上的“破绽”，需要通过加强修养来克服。只有时时处处严格要求自己，才能完善自己的道德品质，才能成为一个容易被别人接受的人——这正是对“酒与污水定律”的生动诠释。不管过去还是现在，这样的事例还是很多的。

唐朝元和年间，有一个名叫吕元应的人。他酷爱下棋，养有一批下棋的食客。

吕元应常与食客下棋。谁如赢了他一盘，出入可配备车马；如赢两盘，可携儿带女来门下投宿就食。

有一天，吕元应在院亭的石桌旁与食客下棋。激战正酣之际，仆人送来一叠公文，要吕元应立即处理，吕元应便拿起笔准备批复。下棋的门客见他低头批文，认为他不会注意棋局，迅速地偷换了一枚棋子。哪知，门客的这个小动作被吕元应看得一清二楚。他批复完文件后，不动声色地继续与门客下棋。最后门客胜了这盘棋。食客回到住房后，心里一阵欢喜，企望着吕元应提高自己的待遇。

第二天，吕元应携来许多礼品，请这位食客另投门第。其他食客不明其中缘由，都很是诧异。

十几年之后，吕元应处于弥留之际，把儿子、侄子叫到身边，谈起那回下棋的事，说：“他偷换了一个棋子，我倒不介意，但由此可见他心迹卑下，不可深交。你们一定要记住这些，交朋友要慎重。”他积多年人生经验，深觉棋品与人品密不可分。

小事可以显示人的品德。在日常生活中，不管是在工作中还是在娱乐中，你的一言一行都是别人衡量你人品的尺码。所以，要谨小慎微地恪守正直无私、光明磊落之道。

有些员工在上班时总是出现非常小的过失，并心存侥幸认为是“小事一桩，领导又没看见”，心想着这又不是什么大事情。其实这是工作中养成的一种不好的“小节”。而“小节”在人们的眼中似乎是无伤大雅的，但从量变到质变的规律来看，如果任由不良的“小节”蔓延开来，就可能导致一个人犯更大的错误。达尔文说，人与低等动物的最大区别，就在于人类具有道德感。唯其如此，对于一切有损于道德品格的行为，是不可以视为小节的。很可能不经意间，自己的“小节”就变成了小恶，小恶就成了大恶。

失之小节，也许是酿成大错的开始，因为一个人良好的素质往往体现在小节上，正所谓“莫以恶小而为之”。反之，自律、自爱、自尊、自强，时时处处从“小”做起，才能给我们的生活带来更大的收获，才会有更好的发展。

不要让自己成为温水中的青蛙

在生活中，你稍不留意，就可能会变成“温水中的青蛙”。人都是有惰性的。当你率领企业取得巨大成功时，应该庆功了吧？可以暂时喘口气了吧？当你日常的工作闭着眼睛都知道怎么做，权利、业绩、收入都不错时，可以放松一下了吧？当你如愿以偿地加入到一家大公司，基本上前程无忧了吧？……当你有了这些想法，放松了对自己的要求时，就有可能不知不觉地滑入危险的水域中。当受到周围环境的影响而放松警惕时，危机就临近了，当凉水被缓慢的加温而你不注意时，你就离失败不远了。

每个人都不想当温水中的青蛙，绝大多数人也自信满满，认为自己决不会成为温水中的青蛙。但是作为“青蛙”，你大部分时间都需要在水中，你怎么能分辨得出哪部分水域安全，那部分水域危险呢？何况安全只是相对的，随着环境的变化，安全水域也有可能变得危险，你必须十二万分地小心，才能避免陷入危险。因此，作为职场中的“青蛙”，既然你无法改变外部的环境，那么你只能改变自己，保持高度的警惕，随时注意环境的变化，一旦水温出现异常，就要立即进行分析，采取必要的对策，这样才能保证安全成长。这就是职场中的自我安全管理。为了能够继续生存下去，不断获得发展，不妨每天早晨大声地问自己一句:“我是温水中的青蛙吗?”

刘备依靠诸葛亮、关羽、张飞等一批文臣武将打下了江山，他去世后将王位传给了儿子刘禅。临终前，刘备嘱咐诸葛亮辅佐刘禅治理蜀国。刘禅是一位非常无能的君主，什么也不懂，什么也不做，整天就知道吃喝玩乐，将政事都交给诸葛亮去处理。诸葛亮在世的时候，呕心沥血地使蜀国维持着与魏、吴鼎立的地位；诸葛亮去世后，由姜维辅佐刘禅，蜀国的国力迅速走上了下坡路。

一次，魏国大军侵入蜀国，一路势如破竹。姜维抵挡不住，终于失败。刘禅惊慌不已，一点继续战斗的信心和勇气都没有，为了保命，他赤着上身、反绑双臂，又命人捧着玉玺，出宫投降，做了魏国的俘虏。跟他一同做了俘虏的，还有一大批蜀国的臣子。

投降以后，魏王把刘禅接到魏国的京都去居住，使他能和以前一样养尊处优，并且为了笼络人心，还封他为安乐公。

司马昭虽然知道刘禅无能，但对他还是有点怀疑，怕他表面上装成很顺从的样子，暗地里存着东山再起的野心，有意要试一试他。

有一次，他请刘禅来喝酒。席间，他叫人为刘禅表演蜀地乐舞。跟随刘禅的蜀国人看了都触景生情，难过得直掉眼泪。司马昭看看刘禅，见他正咧着嘴看得高兴，就故意问他："你想不想故乡呢？"刘禅随口说："这里很快乐，我并不想念蜀国。"

散席后，刘禅的近臣对他说："下次司马昭再这样问，主公应该痛哭流涕地说：'蜀地是我的家乡，我没有一天不想念那里。'这样也许会感动司马昭，让他放我们回去呀！"果然不久，司马昭又问到这个问题，刘禅就装着悲痛的样子，照这话说了一遍，但又实在挤不出眼泪来，只好闭着眼睛。司马昭忍住笑问他："这话是人家教你的吧？"刘禅睁开眼睛，吃惊地说："是呀，正是人家教我的，你是怎么知道的？"

司马昭明白刘禅确实是个胸无大志的人，就不再防备他了。

刘禅身为一国之主，居然乐不思蜀，甚至连装着想念故乡都装不出来，贪图享乐而志向沦丧到了这种地步，实在让人可气可叹。

"扶不起的'阿斗'"这句谚语早已经是人尽皆知了，它是无能与平庸的人的代名词。

我们在任何情况下，都不应该放弃自己的理想，而要严格要求自己，志存高远，不懈地奋斗，千万不要成为"温水里的青蛙"。

可怜的青蛙，就这样轻易地在安逸的环境中放松了警惕，慢慢丧失了逃生的本能，最终成为了"温水"的牺牲品。

第三篇 会做事

会做事，是一个人脱离家庭进入社会的自立能力，说它是入世之基也不为过。

什么叫会做事？

做事有价值，做事有方向，做事有效率，做事有方法，做事有始终。

第十五章 做事要有价值

所做的事情是否有价值，往往取决于三个因素：

第一，价值观。只有符合我们价值观的事，我们才会满怀热情去做。

第二，个性和气质。一个人如果做一份与他的个性气质完全背离的工作，是很难做好的。如，一个好交往的人成了档案员，或一个害羞者不得不每天和不同的人打交道。

第三，现实的处境。同样一份工作，在不同的处境下去做，给我们的感受也是不同的。例如，在一家大公司，如果你最初做的是打杂跑腿的工作，你很可能认为是不值得的，可是一旦你被提升为经理，你就不会这样认为了。

也就是说，值得做的事情是：符合我们的价值观，适合我们的个性与气质，并能让我们看到希望。如果你要做的工作不具备这三个因素，你就要考虑换一个更合适的工作，并努力做好它。

做你爱做的，爱你所做的

我们知道，如果从事的是自己真正喜欢的、发自内心热爱的工作，那么其他的荣誉、报酬、辛苦都是次要的，即使客观上做得平平，内心也会感到无比的满足。

世界著名作曲家、钢琴家、指挥家伦纳德·伯恩斯坦年轻时酷爱音乐，师从美国最有名的作曲家和音乐理论家柯普兰学习作曲，还附带学习指挥技巧。当时，他的创作热情非常高，写出了一系列不凡的作品，一时间，伯恩斯坦的作品犹如一阵清新之风吹拂了美洲大陆，一位新的作曲大师崭露头角。就在伯恩斯坦写出一部部新作品的同时，他又涉足指挥领域。在一个偶然的机会中他被当时纽约爱乐乐团指挥发现，几乎是一举成名。1958 年他担任纽约爱乐乐团常任指挥，在以后的近 30 年中，伯恩斯坦几乎成了纽约爱乐乐团的名片。但在内心深处，他还是以作曲为己任的，创作的欲望无时不在撞击和折磨着伯恩斯坦，因此每逢休假，他总要找一段时间把自己关在屋里作曲，竭力想找回从前的活力和灵感，想要激活和实现年轻时的梦想与抱负。然而落花有意，流水无情，除了偶尔闪现的灵光外，面对案前正在谱写的乐曲，他更多面临的却是深深的失望与苦恼，乐思的枯竭像幽灵一样驱之不散。是创作还是指挥？这个矛盾和冲突几乎贯穿了伯恩斯坦的一生，当他在舞台上无数次接受掌声和鲜花时，有谁能明白他背后的隐痛和遗憾？在他晚年的时

候，每念及此，他都耿耿于怀。他在家人面前一次又一次地诉说着自己的苦闷，而这样的苦闷，除了只能对家人流露外，又能对谁说呢？最后只能带着深深的遗憾告别人世。伯恩斯坦无疑是出色的，但并非是快乐的，他的大半辈子都活在苦恼和矛盾之中。

“做你所爱的，爱你所选择的”，才能激发我们的奋斗精神，才能让我们心安理得。

选准目标，坚定前行

爱因斯坦一生所取得的成就是世界公认的，他被誉为20世纪最伟大的科学家。之所以能够取得如此瞩目的成就，和他一生具有明确的奋斗目标是分不开的。

他出生在德国一个贫苦的犹太家庭，经济条件不好，加上自己小学、中学的学习成绩平平，虽然有志往科学领域进军，但他有自知之明，知道必须量力而行。于是，他进行自我分析：虽然自己总的成绩平平，但对物理和数学有兴趣，成绩较好。自己只有在物理和数学方面确立目标才能有出路，其他方面是不及别人的。因此，他读大学时选读瑞士苏黎世联邦理工学院物理学专业。

由于奋斗目标选得准确，爱因斯坦的个人潜能得以充分发挥，他在26岁时就发表了科研论文《分子尺度的新测定》，以后几年他又相继发表了四篇重要的科学论文，发展了普朗克的量子概念，提出了光量子除了有波的性状外，还具有粒子的特性，圆满地解释了光电效应，宣告狭义相对论的建立和人类对宇宙认识的重大变革，取得了前人未有的显著成就。可见，爱因斯坦确立目标的重要性。假如他当年把自己的目标确立在文学上或音乐上（他曾是音乐爱好者），恐怕就难以取得像在物理学上如此辉煌的成就了。

为了避免耗费人生有限的时光，爱因斯坦善于根据目标的需要进行学习，使有限的精力得到了充分的利用。他创造了高效率的定向选学法，即在学习中找出能把自己的知识引导到深处的东西，抛弃使自己头脑负担过重和会把自己诱离要点的一切东西，从而集中力量和智慧攻克选定的目标。他曾说过:“我看到数学分成许多专门领域，每个领域都能费去我们短暂的一生。……诚然，物理学也分成了各个领域，其中每个领域都能吞噬一个人短暂的一生。在这个领域里，我不久学会了识别出那种能导致深化知识的东西，而把其他许多东西撇开不管，把许多充塞脑袋，并使其偏离主要目标的东西撇开不管。”他就是这样指导自己的学习的。

为了阐明相对论，他专门选学了非欧几何知识，这样定向选学法，使他的立论工作得以顺利进行和正确完成。

如果他没有意向创立相对论，是不会在那个时候学习非欧几何的。如果那时候他无目的地涉猎各门数学知识，相对论也未必能这么快就产生。爱因斯坦正是在10多年时间内专心致志地攻读与自己的目标相关的书籍和研究相关的理论，终于在光电效应理论、布朗运动和相对论三个不同领域取得了重大突破。

特别值得一提的是，爱国斯坦不但有可贵的自知之明精神，而且对已确立的目标矢志不移。1952年以色列鉴于爱因斯坦科学成就卓越，声望颇高，加上他又是犹太人，当该国第一任总统魏兹曼逝世后，有意邀请他接受总统职务，他却婉言谢绝了，并坦然承认自己不适合担任这一职务。确实，爱因斯坦是一位伟大的科学家，这是他终生努力奋斗才实现的目标。如果他当上总统，在政治上未必会有这么大建树，因为他未显示过这方面的才华，又未曾为此目标作过努力学习和奋斗。

在人生的竞赛场上，没有确立明确目标的人，是难以成功的。许多人并不乏信心、能力、智力，只是没有确立目标或没有选准目标，所以没有走上成功的途径。这道理很简单，正如一位百发百中的神射击手，如果他漫无目标地乱射，不可能在比赛中获胜。

选择和确定好目标，明确奋斗的方向是走向成功道路关键的一步。

要做，就做到最好

在美国亚特兰大市，真正的罗密欧跑车迷心目中的保养厂只有一家——斯普莱汽车服务中心。虽然有十几家汽车服务中心都声称能为该品牌汽车提供保养服务，但只有斯普莱汽车服务中心提供的服务最让人满意。斯普莱开罗密欧跑车，搜集这种跑车，热爱这种跑车，并且比原制造工厂还要了解这款跑车。他会耐心跟每位客户讨论他如何做维护，他的维护常常超出客户要求的项目，因为他最了解这种跑车。斯普莱在检查汽车的性能时，就像医生看病一样仔细。尽管客户并不能充分了解他所说的，但这没有关系，因为他们知道斯普莱确实了解这种汽车，也真正关心汽车。最后客户都高高兴兴的照单付钱。

做就要做好！如果所有的员工都有这种观念，你所在的公司就不会发生质量问题。

在21世纪的今天，来自各方面的竞争非常激烈，你的所作所为大家有目共睹。怎样才能稳操胜券，让你的职位无人可以替代？怎样才能给同事和上司留下一个好的印象？

答案只有一个：做就要做好！要做到这一点，必须注意许多细节。

首先是少说话，多做事！工作时间不要和其他同事喋喋不休。一方面，在办公室里喋喋不休会让上司觉得你在偷懒，另一方面，言谈间难免涉及别人的私事，这样的闲人是公司在裁员时考虑的第一人选。

不要以为当上司不在的时候，自己就可以放心地偷懒。当你在偷懒的时候，手头上的工作自然就会停下来，到最后的结果就是，本应该完成的工作被拖延，或者因为赶工而使工作成绩大打折扣。一个精明的上司很有可能从你交上去的工作中就可以看出来你究竟有没有偷懒。

要试着从工作中发现乐趣，如果你能从职业中找出令你感兴趣的工作方式，并且尝试多做一点，试着多付出一点热忱，可能会让自己的工作做得更好，心情也会更轻松。

很多人习惯只做分内的事情，或者只挑选容易完成的工作来做，对一些冗长或困难的工作则能推就推，实际上，每一项工作都可以让我们学到不少的东西，要知道你所有的贡献与努力都不会被永远忽略。

不要忘记工作的满足感来自你一贯的表现和对工作的熟练程度，因此要不断地给自己充电，加深自己的专业知识，为公司的整体利益做出直接的贡献。

不要把你个人的情绪发泄到公司客户或者其他人身上，即使是在电话中。当自己情绪不佳的时候，最好先把自己的情绪调整好，然后再用最专业的精神状态去面对自己的工作。一个总是把自己的情绪带到工作上来的人，在公司是得不到重用的。

不要一到下班时间就马上消失得无影无踪。每一天我们都有要完成的任务和要解决的问题，如果你没能在下班之前把问题解决掉，那你必须让别人知道，以防情况发生变化。如果下班之后，你不能继续留下来帮忙，那么你应该在到家之后打个电话回公司，看看事情是不是已经得到控制。

不要滥请病假，应该考虑到自己在工作上的缺席可能会给其他人带来的影响。当你的缺席变成一种习惯之后，上司会觉得有你没你公司的工作都可以照常进行，那么你的地位就岌岌可危了。

不要提交一份连你自己都不满意的报告，更不要在报告中含糊其辞，言之无物，作为公司的职员，你不仅仅有填写报告的义务，而且还有提出改善意见的责任。如果你发现有问题却不提出来，老板会认为是你发现不了问题，就会对你的工作能力产生怀疑。

不要言而无信。曾经对自己的同事或上司应承过的事情就一定要办到，否则会让所有与你工作上有关系的人都生活在惶恐之中。

不要只是一味等待或按照别人的吩咐做事，觉得自己没有必要做出任何决定，认为这样自己不用担负任何责任，出了错也不用受到责备。这样的心态和做法，只能让别人觉得你目光短浅，而且没有责任感。

对老板来说，录用一个职员，当然希望他能够尽心尽力地为公司效力。他付给你薪酬，而你给予他与薪酬相当的劳动力，在老板的眼中，你们之间也是一种交易的关系。他不可能在雇佣你的同时，不希求你给予任何的回报，当然更不希望在付你薪酬的同时，你做一些不利于他的事情。

很多世界著名的大公司都相信，一个对自己的工作三心二意的人根本就没有办法出色地完成本职工作。每一位公司的职员都已经和公司联为一体，公司的命运也就是你的命运，如果公司不幸倒闭，你也要跟着失业。

所以，千万别为了贪图一时的闲暇而在工作上瞎混，这样做根本得不到任何好处，对谁都没有好处。

如在一边工作的时候，一边还想着要如何有所保留，是不能够提高自己的。一个人只有在充分发挥自己所有的潜能的时候，才有可能学到东西，并且提高自己。

要做，就一次做到位

在某家金融公司工作的罗宾一直是一位表现出色的员工，颇受上级的青睐。直到这一天，他在给上司赶一份重要合约的时候，忽然接到一个电话，原来是他的朋友里奥纳多想约他周末参加郊游活动。罗宾挂掉电话后便心不在焉，不断遐想郊游该有多么快乐，他都有些迫不及待了。但是手上的重要合约提醒他停止胡思乱想，罗宾重新投入到工作当中。可是没过5分钟，罗宾又开始想应该准备哪些野餐的食物。就这样，在不断走神和工作之中，一份合约起草好了。

合约交给上司的时候，由于罗宾一直很稳定的表现，上司只是大概浏览了一下就签了字，然后寄出了。结果，这份合约上存在一个严重的但是很隐蔽的数据错误，导致公司亏损了几十万美金，罗宾也因此被直接开除，这下他天天都有时间去郊游了。

不可否认，上司或老板一向都很欣赏那些表现突出的员工，就因为这样，他们更不容许他们在工作中出现错误，这就要求每个人在做工作的时候必须把手上的工作做得细致入微。可见，我们并没有太多的“下一次”！

但是，很多人并不认为自己仅仅是在做表面工作，因为他们觉得自己花了很多的时间和精力在里面。对于爱做表面工作的人，无论他们一天、一周、一月，还是一年完成多少任务，但每个任务都做不到位，结果加在一起就是零。有这样一个事实，企业中可以长久存在的员工不是做事情速度快但效果差的，而是速度慢却效果好的。

那么，为什么不在接受任务时，就跟自己说“我一定能做好”呢？

深入地工作对你和你所在的团队都很重要，你也会因此受益匪浅。杜邦公司的郝利得先生能够从周薪 50 美元的工作，迅速升至副董事长的职位，不久后又升任公司的董事长，就是因为他做每一件事都会认真负责到底。周围人对他的评价是：“郝利得先生是我们的榜样和朋友，他总是能及时发现和解决工作中的问题，让杜邦公司持续前进。”

美国前总统杜鲁门的桌子上摆着一个牌子，上面写着：“问题到此为止。”这是一种“深入地工作”的能力。如果在工作中对待每一件事都是“问题到此为止”，每次都能完整地完成工作任务，这样的公司将让所有人为之震惊，这样的员工将赢得足够的尊敬和荣誉。

要成为一个成功的人，把工作做到位才是关键！

此外，在你开始着手工作之前，必须要有完成工作的坚定的决心。在接受工作任务的同时，跟自己说：“我能完成！”或“我肯定能做好！”如果你反复对自己说：“我相信我能做得到。”那么你就极有可能做到；如果你总是说：“我真的做不到。”那你注定只能一事无成。

“我能完成”是非常有力的一句话。现实中很多人运用这句话。对大多数人来说，这句话具有特别重要的意义，而且还非常实用。人们相信自己能做什么，就一定可以做到。有人说，世界上除了一些精神失常的人之外，可以实现的事情与真正实现之间的距离其实很小很小，但首要的是一定要相信自己能行。

从自我怀疑的枷锁中挣脱出来，你就能达到期望的高度。没有什么办不到，只要相信自己能行。就这么简单？当然不是。生活中值得获得的东西没有什么是随随便便、简简单单就能成功的。那到底能不能办到呢？要是你不努力，而且不是努力再努力，那你永远也不会知道。短浅的目标很容易命中，可生活中我们不能如此鼠目寸光。世界上最坚不可摧的力量就是相信自己的意志，敢于瞄准远大目标的勇气以及坚定追寻梦想的信心。

做事，方法要得当

方法，是过河的桥，摆渡的船，是探索的路，发明的钥匙。你要认识事物，解决问题，都离不开方法。弗兰西斯·培根说："没有一个正确的方法，就如在黑夜中摸索行走。"巴甫洛夫指出："好的方法将为人们展开更广阔的图景，使人们认识更深层次的规律，从而更有效地改造世界。"

世界上有没有一种万能的方法？没有。世界上有无限多样的事物，构成我们的认识和行为对象，它们具有各种各样的性质，发生着各种各样的变化。因此，方法也是多种多样的。

然而，在解决某一问题的过程中，众多的方法中总存在一个最佳方法。方法不同，效果也迥然有异，采取最佳方法，往往能费时少、功效大，取得最优效果。最佳方法是一条最能成功、最有希望的道路。

那么，什么样的方法是最佳方法呢？一般来说，最佳方法应该具备以下特征：

1. 最佳方法具有最大的适用性

首先，是最适合某个单位、某个地区、某个问题的方法。例如，瑞士在发展本国经济的时候就注意到了适用性最强的方法。他们根据本国矿产资源贫乏，但旅游资源丰富、智力资源集中的国情，决定发展本国经济采用发展精密工业的方法。这种精密工业污染少、材料省，适合本国的情况。正是采用了这种方法，瑞士的旅游业兴旺发达，手表远销海外，国民收入达到了世界第一流的水平。

圆珠笔漏油，曾使许多圆珠笔厂商伤透了脑筋，纷纷设法解决，有的设法改善了笔油质量，有的设法改善笔头，有的则用减少圆珠笔储油量的方法，等到圆珠磨损开始漏油，而油也正好用光。第三种方法最简单也最适用，因此是最佳方法。

2. 最佳方法必须具有先进性

这就是说最佳方法具有效率高、收效快的特点。

3. 最佳方法要有创造性

创造性的方法是最珍贵的方法，容易使工作实现重大飞跃。我们应努力打破习惯性思维，努力训练创造性思维，不断开拓富有创造性的方法。

那么，怎样去寻觅最佳方法呢？

(1) 必须善于找出事物的特殊矛盾。不同的矛盾，只有用不同的方法才能解决。因此，对事物的特殊矛盾认识得越深刻，就越能找到最佳方法。

(2) 必须善于移植和综合。移植常常是产生最佳方法的有效途径。一种学科的成就、方法，对于另一学科往往具有借鉴意义，经过一定改造后，往往成为一种适应另一学科的很好方法。李斯特创立消毒外科学，就是得益于巴斯特证明生物不能自生的肉汤实验。他从肉汤腐败和伤口腐败之间的相似性，找到了伤口感染的原因，也找到了高温杀菌法。综合也是一种产生最佳方法的重要途径。日本人的炼钢新技术，就吸取了奥地利、美国、瑞典、德国四国的六种炼钢新技术，把它们综合起来，从而成为一种更加优良的方法。

(3) 必须善于进行辩证思维。任何方法都是思维的结果，最佳的方法都是辩证思维的结果。恩格斯曾经指出，辩证法对今天的自然科学来说是最重要的思维形式，因为只有它才能为自然界中所发生的发展过程，为自然界中的普遍联系，为从一个研究领域到另一个研究领域的过渡提供类比，并从而提供说明方法。

销售经理经常对业务受挫的推销员说："再多跑几家客户！"父母对拼命读书的孩子常说："再努力一些！"但是这些建议都有一个漏洞。就像有人曾经问一位高尔夫球高手："我是不是要多做练习？"高尔夫球高手却回答道："不，如果你不先把挥杆要领掌握好，再多的练习也没用。"

我们无一例外地被教导过，做事情要有恒心和毅力。比如，只要努力再努力，就可以达到目的。这样的说法，我们早已十分熟悉了。你如果按照这样的准则做事，你常常会遇到挫折和产生负疚感。由于"不惜代价，坚持到底"这一教条的原因，那些中途放弃的人，就常常被认为是"半途而废"，而令周围的人失望。

正是因为这个害人的教条使我们即使有捷径也不去走，而去简就繁，并以此为美德，加以宣扬。

所以，必须指出，最佳方法没有现成方法。辩证法是原则的、简单的、变化无穷的，但辩证法并不是最佳方法，它不能代替最佳方法。恩格斯曾经说过，你知道根据弦的长短来定音，但你不一定能拉出好的乐曲。最佳方法的获得需要不断地根据实际情况进行探索，并且也不是一次就能获得的，它要在实践中不断改善。最佳的方法对于那些不思进取、不想探索的人，是最无用和最不优的方法。即使他们采取最优的方法，也往往取得不优的效果。此外，最佳方法也不是一成不变的方法。万事万物都在变，认识事物和改造事物的方法也得变。

关注细节，防患未然

在日常生活中，我们常做些不经心的糊涂事，例如，把车钥匙留在车里，或把脏袜子丢进垃圾袋内等等，结果引起麻烦。其实，我们只要头脑清醒，处处留心，关注细节，便能防止出错，更完美地解决问题。这样，生命中每个机会都不会轻易错失了。下面几点要领不可不注意：

1. 做更多的选择

心理学家做过一项实验，看看一般人怎样应变。协助实验的调查员站在熙熙攘攘的人行道上，告诉路人说她扭伤了膝，需要帮助，请他们到附近药房替她购买某个牌子的绷带。在此之前，心理学家已跟药剂师说好，请他说这牌子的绷带已经卖完。在被试验的 25 个路人当中，没有一个人想到请药剂师建议另一个牌子的绷带。不幸得很，人们一旦认定了一个解决方法，往往便不去想其他可能的方法。

无论你遇到什么问题，只要你明白解决方法有许多，并没有什么绝对的答案，那么你便可以有更多的选择。

2. 质疑一切臆测

杰克还在求学时，外婆曾到处求医，说她头痛得很，好像头里有条蛇在钻动。医生都认为外婆古怪的描述是胡说，诊断她只是衰老而已。

一年后外婆去世了，医生进行剖验，发现她脑部生了个肿瘤。杰克的母亲对此感到十分痛苦和内疚，而杰克也有同感。可是他们又怎能质疑医生的话呢？这么多年来，在日常生活中，我们是怎样甘愿让自己被各种思想框框套住啊！那些医生见到一个言辞离奇古怪的老妇人，就以为那必定是衰老所致。而杰克和母亲更理所当然地视医生为权威，以为他们所知的比自己多。

因此，每当你遇到一个新难题，应先质疑自己的一切臆测，然后再制定行动的步骤。

3. 不要总是采取惯常的做事方式

我们一旦熟悉了某一事物，往往会掉以轻心。有一天，杰克逊在一家商店里付钱时，递给收银员一张新的信用卡。收银员发现杰克逊没有在卡上签名，便把卡交还给他，让他签名，然后把它放进机器，并递上付款单给他签名。之后那收银员拿着付款单跟信用卡比照签名是否相同。

在这件事中，收银员所犯的错误当然可作趣事来看，但如果太耽于惯常的做事方式而不注意眼前的实际情况，可以造成悲惨的后果。

1982 年 1 月，一架佛罗里达航空公司的客机在华盛顿撞毁。有 78 人丧生，这是从华盛顿飞往佛罗里达州的定期班机，机员都是老手，究竟出了什么错呢？调查显示，错误应归咎于机员的飞行前检查。正副驾驶员曾照常进行检查机件的程序。从表面上看来，他们好像事事都留意到了。但后来发现的证据显示，他们并没有事事经心。其中一项他们批注检查过但却没有开动的是引擎的防冰系统。这次他们并不是在南方温暖的天气下飞行，当时天正下雪，雪积在机翼上。飞机起飞后随即撞毁，主要是驾驶员没有开动机上的防冰系统，应付积雪问题。

千万不要让习惯限制你必须要采取的行动，每次都以全新的心态来关注工作的每一个细节吧！

4. 找到不满的真正原因

我们成年人大多喜用笼统言辞来解释自己不喜欢的事和问题。比如，有人说很讨厌冬天，要是他更仔细地想一想，就可能发现他讨厌的是穿厚衣服令他行动不便。如果他穿上一件羽绒风雪衣，或在车里装上性能较佳的暖风系统，可能就会改变他的想法。

强迫自己分析一下真正对什么不满，你就更能够解决问题。

5. 从另一个角度考虑问题

人们往往自然而然地想到的，是自己不能做到的事，而不是能够做到的事。一位年轻音乐家曾对朋友说，他无法完成曲谱的撰写，觉得自己一事无成。直到有一天，他从另一个角度去看问题。他不再以未能完成作品而自贬，反而认识到自己具有不断谱成新主题旋律的天赋。最后他与一个精于谱写音乐细节的人合作，谱写出很多新乐曲。

从另一个角度考虑问题，能为你带来许多意想不到的好处。

例如，大多数人都认为一旦住医院，痛楚是不可避免的，没有药物就无从抑制痛苦。心理学家曾进行实验，教那些要接受大手术的病人从另一个角度去看待痛楚。心理学家请他们想象自己在踢足球或做晚餐。在足球场上与别的球员碰撞，即使擦伤了我们也不在意。同样的，在你忙碌地为10个人预备晚餐时，即使受伤了也不会在意。可是，如果你在阅读一份沉闷的商业文件时，被纸张割伤了，便会觉得非常痛。心理学家通过举这些例子，让病人知道痛苦并非是无可避免的，主要是看他们怎样看待自己的处境。

医院的人员（并不知道心理学家这项假设）负责监察两组病人——曾

接受辅导的实验组和未经辅导的控制组的用药和留院时间。那些接受过辅导的、以不害怕的态度来对待痛楚的病人，服用止痛药物较少，留院时间亦较短。他们能够从不同的角度去看待住医院这件事，而且态度积极一些，所以更能控制自己的康复情况。

第十六章　做事要有责任心

责任心，就是要求你对自己的选择和行为承担责任。如果你没有实现预期的目标，不要把责任推到别人身上，要明白你的生活是掌握在自己手中，其他人没有权力支配。

你要相信这样一种观念：你身边发生的一切都是自己创造的，这些是你个人幸福生活的重要组成部分，哪怕你还完全没有在思想上认识到这一点，也请对你自己的行为负责。

一个人，只有虚心地为已发生的事情承担责任，敢做敢当，对过去的错误决不推卸，才会赢得他的信任、尊重和支持，才能成为最后赢家。

勇于担当，是一种良好的素质

勇于承担责任，做事有责任心，可以说是一种良好的素质，依靠这种素质，甚至可以拯救一家公司、一个国家。下面要讲的“国王与蛋糕”的故事，也许会给你带来一些启示。

很久以前，在一位国王的统治时期，社会动荡不安，周围的国家经常入侵本国，而且侵略者实力强大，屡战屡胜。

经过多年的战争，这个国家已经快要消失了。

有一次，国王和他的士兵共同应对敌人，几经拼杀，整个军队快要覆没了，剩下的人包括国王在内，都只顾保全自己的性命。最后，国王把自己装扮成牧羊人的模样，逃到了一片森林当中。

国王在树林中忍饥挨饿，流浪了数日，终于找到了一间猎人的小屋。在饥饿的驱使下，国王敲响了小屋的门。给国王开门的是猎人的妻子，她并不认识国王。国王向她乞讨一些吃的，并希望能留宿。她说:“你帮我看好炉子上的这些蛋糕，不要让它们被烤焦了，你晚上也就会有饭吃了。我现在要出去挤牛奶了，记得看好炉子。”

起初国王按照她的要求认真地看着炉子上的蛋糕，可是不久他就开始为自己的事情烦恼了。他心里不停地思考着怎样打败敌人，重振自己的国家，想着想着，就把蛋糕的事给忘了。

当猎人的妻子回来时，蛋糕已经被烧焦了，屋子里到处都是烟，而国王此时还在炉子边出神，对这一切毫无察觉。

她生气地朝着他喊道:“你这个懒惰的家伙，这么点小事都做不好，我们的晚餐彻底泡汤了。”

国王这时才回过神来，感到很惭愧。

就在此时猎人回来了，一眼认出坐在炉灶边的那个人就是国王。紧张地对他妻子说:“你知道你在和谁说话吗？他可是我们的国王啊！”

他妻子一听，吓坏了，赶紧向国王下跪，请求他的原谅。

国王把她扶起来，温和地对她说:“你说得是对的，我既然答应帮你看好蛋糕，就应该说到做到。无论是谁，无论他的地位有多么高贵，只要接

受了一项任务，就应该尽自己最大的努力去完成。我现在明白战争之所以会一次次惨败，就是因为我没有责任感，我的军队也受我的影响，缺乏责任感。下次我一定要打败敌人，履行一个国王应尽的责任。”

之后，国王收编军队、重整旗鼓，终于将敌人赶出了国土。

有时我们要对以前的过错进行弥补才能更好地承担责任。有时候弥补并不一定很难，只要肯承认自己的错误或是真诚地向对方道歉就可以了。

在英国，有这样一个感人肺腑的故事：

罗杰·约翰逊20岁的时候正好赶上第二次世界大战。他在飞行中队担任领航员、轰炸机投弹手以及航空机枪手。部队的营地位于离波尔布鲁克村不远的地方。有一天，他在乡村错过了通往营地的最后一班公共汽车。由于当时有紧急任务，就私自借用了一辆停靠在一栋居民房子墙边的自行车，原本打算任务结束后就把车子送还回来，结果车子还没来得及还就不见了。

战争结束后，约翰逊先被提拔为上尉，之后他重新回到大学，在医学院就读。毕业后，他做了一名出色的外科医生。他还和妻子一起帮助西印度群岛的政府建立了当地的第一所医院。等到了快要退休时，他却又出人意料地选择去法学院就读，试图成为一名律师，来帮助医生处理各类诉讼案件。

他从事治病救人的工作已有40多个年头，从来没有懈怠过，可有一件事始终困扰着他——当年他借的那辆自行车到现在还没有办法归还。在他68岁时，约翰逊买了100辆自行车从英国的拉雷运到了波尔布鲁克，并拿出一整个下午的时间在当年自己服役的机场把这些车送给当地的孩子们。

对一般人来说，摆脱这件事情并不困难，但它却长时间困扰着约翰逊。试想一下当时的情况：故事发生在战争时期，而且他为了执行紧急任务而不是办私事，所以约翰逊是可以不受指责的。但他却以实际行动给人们树立了一个勇于承担责任的榜样。这个故事到现在还一直为英国人所津津乐道。

勇于承担职业责任

世界上不存在可以不用承担责任的工作。责任的大小和职位的高低是成正比的，职位越高，所要承担的责任就越大。不要让责任把你吓倒，要相信，你能够承担任何正常职业生涯中的任何责任。

有这样一个传说，上帝在创造人和动物之后，就召开大会来给他们安排寿命。

最初，上帝打算给人的寿命是 20 年，牛的寿命是 30 年，鸡的寿命是 25 年。人对上帝说:“您给我的寿命太短了，这样很多乐趣在有生之年都没办法享受了。”

上帝还没来得及回答，牛又说话了:“我们牛每天都要拼命干活，30 年的寿命对我们来说太辛苦了，您给缩短点吧!”

鸡也说:“我们报晓也很辛苦，也给缩短点吧!”

于是上帝就把牛和鸡各 20 年的寿命分给了人。

就这样，人的寿命是 60 年。在第一个 20 年的时间里，人就“像人一样”生活得很快乐；第二个 20 年，人要像牛一样要为家庭奔波辛劳；最后一个 20 年，又要像鸡一样早起，负责叫醒全家人。

在这个世界上生活的人，都扮演着各自不同的角色。要想把这个角色所蕴含的内容体会明白，就要把这个角色所附带的责任承担起来。责任的来源是不同的，有些是我们与生俱来的，有些是来自于工作或是身边的朋友，但无论什么样的责任都不能借故推托。

古希腊有一位著名的雕刻家叫菲迪亚斯，他当时接受雅典市的委托，负责雕刻一座雕像。当雕像完成时，雅典市的会计官却认为雕像的后面雕刻得和正面一样，没有人能看到这座雕像的背面，所以拒绝向他支付薪水。

菲迪亚斯对此进行了一番反驳:“你没有看到，可是上帝看到了。从你们让我接手这份工作开始，上帝就一直伴随着我、注视着我。我为完成这座雕像所做的点点滴滴他全看在眼里了。”

信仰存在于每个人的心目当中，工作也是我们的一种信仰。菲迪亚斯非常自信，他相信上帝会看到自己所做的一切努力，也相信自己的作品一定是很完美、很有价值的，是应该得到认可的。他把自己的心和上帝联系在一起，这足以证明他的敬业精神，这种精神代表了一种虔诚的态度，一种对神和人尊严的尊重。在工作中，敬业也代表着承担责任，承担责任则代表着一种虔诚的心态。

2400多年过去了，这座雕像至今还在帕台农神殿的屋顶上伫立着，它已经成为受众人瞩目的伟大杰作，这一点说明了当年的菲迪亚斯的确是一位伟大的雕刻家。

如果现在有一件事正等待着你去做，要学着像菲迪亚斯那样用心对待，你一定会为自己能得到这样的工作而感到骄傲，因为你终于可以靠着这个工作为世界贡献出自己的力量。在这个过程中，你会发现其实工作也是充满了乐趣，人生也是很有意义的。

在西方世界，因为有了对宗教的虔诚信仰，人们的经济行为和思想才有了坚定的信念作为支撑。一提到德国货，人们就会相信它们一定是优良品，为什么它们会得到大家的信任呢？因为在德国人心中，金钱不是最重要的，他们对待自己的产品就像对待上帝那样虔诚。他们不仅仅把工作当成谋生的手段，而是当成上帝交给自己的光荣任务。他们的价值观和那些以金钱中心、唯利是图的观念存在着天壤之别。对待工作的态度是否严谨，必然会影响到产品的质量。

如果你不像德国人那样拥有自己的宗教信仰，就可以对自己的工作采取敷衍了事的态度吗？我们该用什么来战胜自己的惰性，把工作完成得尽善尽美呢？答案是内心的使命感。所谓使命就是指我们所要奉行的命令，所要担当的义务。使命感是一种心理状态，它可以督促我们快速采取行动，实现自己的理想。如果你能把工作当成一项重要的使命来完成，你就会对自己所从事的事业有一种认同感，并能将这份热情长久保持下去。马斯洛说，音乐家作曲，画家作画，诗人写诗，只有这样才能心安理得。

我们在企业中经常会看到这样的人，他们没有自己的目标，只是做一天和尚撞一天钟。他们总是抱怨生活就像水上浮动的木头一样漂泊不定，这些人做事能求简单就决不肯再多费一点工夫。他们把中午吃饭的时间、晚上下班后的时间、周末还有发薪水的日子，当成是自己最最快乐的时光。生活的目标仅仅是混过一天算一天。

难道这就应该是生活的全部吗？

一个人如果能把使命看得很重，那他不管在什么时候都会对自己的工作负责，哪怕是到了生命的尽头也不例外。黄志全曾经是大连市公共汽车联营公司 702 路 422 号的双层巴士司机。他在开车时，心脏病突然发作，可是就在生命的最后一刻，他还坚持做了三件事：

第一件事：慢慢地把车停在路边，将手动刹车闸拉了下来。

第二件事：费尽全力打开车门，让乘客安全地从车上下来。

第三件事：熄灭发动机，确保车和乘客的安全。

做完这三件事，他才安心地趴在方向盘上停止了呼吸。

黄志全只是一位名不见经传的公交车司机，但在生命的最后一刻他向我们传达着这样一个信念：一个人应该勇于承担职业所赋予他的使命。

只要我们心中充满使命感，岗位再平凡，也可以创造出不凡的业绩。

使命感其实就是一种责任心。来自于亲情的责任让我们内心感动；来自于友情的责任让我们感觉快乐；来自于爱情的责任让我们对彼此忠诚不渝。我们不能对责任置之不理，因为这样做有可能伤害到我们身边的人。

那么，员工和企业之间该怎样处理责任的关系呢？双方不只存在金钱上的利益关系，因为工作能带给你的不仅仅是金钱。可以说，工作不仅是生存的工具，它还是你实现人生价值的一个载体。我们在工作和事业中实现人生价值，这种价值的实现是人最终极的需要。所以，我们一定要把责任承担下来，否则我们就会失去实现自我价值的机会。

每个员工都应该对自己严格要求，大胆地把属于自己的那份责任承担下来，全力以赴地做好每件事。每个老板都喜欢这样的员工：能把事情做到百分之百的完美，就绝不留下百分之一的遗憾；能把事情做到最好，就绝不做到差不多就戛然而止。

负责任就是全神贯注

一个人不管他从事什么工作，都应该竭尽所能地把精力投入进去。对自己的工作非常负责，就会获得更大的进步。这既是我们在工作中应坚持的原则，也是我们在整个人生中都要奉行的准则。一个人如果没有责任和抱负，他的人生也会变得没有意义。不管你处在怎样的环境中，只要你能把全部精力放到工作上来，也一定能获得成功。能在某一特定领域独树一帜的人，一定是对工作认真负责的人。这种负责，可以从他对事情的专注上看出。

真正弄明白自己怎样能把一件事情做好，这比对很多事情都只是一知半解的要好得多。总之，做事情在于精而不在于多。美国的卡特总统在得克萨斯州的一所学校进行演讲时告诉学生们:“你们最需要知道的是怎样集中精力去做成一件事情，并要把这件事情做得无可挑剔。”如果其他人也有能力完成一件事情，那么你只有做得比他们都好，才不会被淘汰，才不至于失业。

阿基勃特曾在美国标准石油公司做一名小职员，他每次出差住旅馆时都会在签上自己名字之后再写上“每桶标准石油 4 美元”，就算是平时的书信和各类收据也不例外。哪里有他的签名，哪里就有“每桶标准石油 4 美元”的字样。他的同事送了他一个外号——“每桶 4 美元”。

这件事被当时公司董事长洛克菲勒先生知道了，他感到很奇怪:“这个员工竟然会如此努力地为公司宣传，我一定要接见他。”于是，他邀请阿基勃特和自己共进晚餐。再后来，阿基勃特接替了洛克菲勒的职位，成为公司第二任董事长。

在常人看来，签名的时候顺带着写上“每桶标准石油 4 美元”几个字，的确是一件很简单的事情，但却很难办到。更进一步说，它不在阿基勃特的工作范围之内，但他却能始终如一地把这件事坚持下去，就算是有许多人嘲笑他，他也没有打过退堂鼓。在这些嘲笑他的人当中，才华出众、能力比他强的肯定大有人在，可是为什么能成为董事长的不是别人而是他呢？他的专注与负责就是根源所在。

在职场上，没有任何一个公司能确保你终生不丢饭碗，如果你的能力无法适应公司的发展需要，那么你在公司也就会变得可有可无。所以，如果你不想被淘汰出局，想获得长足的发展，就要给自己充电，提高自己的专业水平，让自己成为一个能够独当一面的人。

工作中经常会发生一些状况，产生一些问题，也许仅仅是因为忽视了某个细节，轻视了某件小事，就会造成重大的损失和不良的影响。俗话说，差之毫厘，失之千里，计划再好，如果执行上出现了差错，结果也会大不一样。所以很多人没有把工作做到位，甚至已经做到了 99%，也许就是因为这 1%的不足才没有让他的事业获得成功。

有一位管理专家说过这样的话：“在我们这里如果仅有 1%的不合格，那么在客户哪里就意味着 100%的不合格。所以员工要由被动工作转化为主动工作，由依靠规章制度的约束变成自觉行动，依靠自己的负责，将意外消灭在萌芽状态。”

想要把事情做到尽善尽美，那就要在心中给自己树立一个极高的标准，而不是普通的标准。在做出决定、采取行动之前，要进行广泛的调查和取证，要有远见和前瞻，把可能发生的事情考虑到，避免那 1%的坏情况出现，直到目标实现。我们应该知道，那 1%往往就代表了你的负责与专注的程度。

德国的一家工厂发生过这样一件事情：

有一天，工厂的电机坏了，众多技术人员在电机周围束手无策，他们想尽一切办法也没能让电机重新启动。就在厂长想另请高人来帮忙时，工厂中的一名普通员工自告奋勇地站了出来。

这个人个子矮矮的，满脸胡碴，身上穿着一件满是油渍的工作服。他向厂长问道：“可以让我试一下吗？”

大家都对他不屑一顾，认为他肯定不行。厂长也疑惑地问他：“你用几天时间可以把机器修好？”

此人说：“给我三天时间吧。”大家又问他要什么修理工具，他说给他准备一把小铁锤和一支粉笔就够了。

他白天只是围着电机转来转去，一会看看这儿，一会又敲敲那儿。晚上，他就在电机房睡觉。两天过去了，还不见他有什么别的动静，大家开始对他的能力表示怀疑，认为他是在打肿脸充胖子。

他的一位好朋友提醒他说：“如果你修不好，就不要逞能了。”他却一点也不着急地说：“事情今天晚上就会见分晓了”。

在第三天的晚上，他让人给他准备梯子，他爬到电机上，用粉笔在一处画了个圈。他告诉大家，圈出来的地方有 18 圈线被烧坏了。

在场的技术人员都将信将疑，于是打开一看，确实如他所说。不久电机就被修好了。他的朋友不解地问道：“你为什么能这么神奇地找出原因？”他回答：“专注精神可以解决所有的问题。”

厂长从这件事中看出他是一个不简单的人才，就把他调到技术部担任顾问，让他的才能得到充分地发挥，并给他 1 万元作为奖励。

在技术部任职的那段时间里，他有许多技术发明。以前，发电机组都是靠皮带转动，这样会造成资源浪费，而且每隔十几分钟就得打一回皮带油，费时费力效果也不一定好。为此，他专门发明了可以节约能源的三角皮带传送。在几年时间内，他帮助工厂成长为著名的大企业。

在这家工厂，像这样的事情不只这一件，被破格录用的人很多，他们都在企业中发挥着举足轻重的作用。这些人有一个共同点，那就是把精力集中于工作，做到精通。在专注中，这些人将自己负责的心态表现得淋漓尽致，这样一来，他们还有什么理由不获得成功呢？

负责任就是提升你的竞争力

负责任不仅仅可以使你与眼前的工作实现双赢，更重要的是，它能够提升你的竞争力，包括你的能力、价值等等。

上司把重任交给你，就证明上司对你是信任的，这也为你提升能力提供了一个大好时机。在这时千万不要贸然拒绝，否则你在上司心目中的地位就会受到影响。只要你能有耐心、有计划地把事情一件件做好，一定能收到意想不到的效果，你的能力也将在无形中得到提高。

卡罗·道恩斯在一家汽车公司做普通员工，过了6个月，他给老板写了封信，推荐自己，想试试看自己能不能被提拔。于是老板让他去新厂负责机器设备的安装，但加薪与否还要根据表现再定。道恩斯不了解机器安装方面的知识，也看不明白图纸，但他还是选择接受这个任务。他充分利用自身在领导方面的才干，自己掏腰包请有关技术人员帮忙，提前完成了工作，最后他的职位获得了提升，薪水也翻了好几倍。

后来老板告诉他:“我本来就知道你看不懂图纸，如果当时你为自己找借口推脱责任，现在恐怕你早就被开除了。但你能认识到自己的不足，充分发挥自己的优势，通过努力提升能力，把工作完成得如此出色，我很欣赏你的这种精神，所以，我决定把你安排到重要岗位上去。”

你能认真负责地对待工作，你的能力也会在不知不觉中得到提高。你能知不足而自省，进而去改进，能力自然而然地也就得到了提高。作为一个刚刚踏进社会的年轻人，不应该一开始就把企业能支付给你多少钱看得过重，你更应该把目光集中在工作能带给你其他方面的进步上。比如，能让你学到某项技能，增长自己的工作经验，升华自己的个人精神。和这些相比，工资就不是最重要的了。老板给你的是金钱，而你给自己的却是让你受益终生的精神财富。

能力是无法用金钱来衡量的，也是别人偷不走、送不来的。许多今天看来已经是功成名就的人士，当年不知经受过多少次的挫折和失败。他们有能力，所以能够东山再起。如果你能把每一份工作、每一次成功或失败都看成一次获取经验的机会，那么你就能在每份工作中获得成长。从成功者身上我们可以看到：想要得到世界上最大的幸福，就得付出最大的代价；想要有更好的成绩，就得付出更多的辛勤劳动。

罗兰一直想像她的邻居那样，在医院里当一名护士。那位邻居因为工作出色在医院担任夜间领班护士，她勤勤恳恳，对工作尽职尽责，很多次被授予荣誉称号。

罗兰也希望自己能像邻居这样，在这个领域干出一番成就，她下定决心先从医院做服务工作下手，以此作为自己向理想迈出的第一步。

可实际上，她总在上班时间和同伴东拉西扯地说闲话，到公共食堂里休息偷懒。对待工作也磨磨唧唧，态度不积极。她在病房因为贪恋看电视，病人想喝口水也要等上很长时间，为此，她经常受到病人的抱怨。她多次被医院警告，不久之后，她的护士生涯就此结束了。

护士这一行离不开责任感和使命感，但罗兰却没有意识到这一点。通过罗兰的事情，我们可以看出，你的能力是要求用你的职责履行结果来体现和证明的。你能认真履行职责，才能成为一个称职的员工。

责任心为你赢得信任和尊重

一个人只有把自己应承担的责任全部承担下来，才能从别人那里得到尊重，才会活得更有尊严。即使出身低微、地位低下，只要肯勤勤恳恳认真对待工作，同样可以得到众人的尊重。

有一次，一个法国士兵奉命给拿破仑送一封信，一路上都是敌人设下的重重关卡，他的腿在送信途中被敌人打伤了，但他没有休息，硬是撑了三天三夜，马不停蹄地提前将信送到了拿破仑手中。当他来到拿破仑面前时，他的坐骑由于一路上跑得太疲惫累倒在地，当场丧了命。这位士兵也累得晕了过去。他醒过来以后，亲自把信交给拿破仑。拿破仑又写了一封回信，依然让他担任信使，并把自己的宝马送给他。

那个士兵看到拿破仑送自己的是一匹被装饰得十分华丽的宝马，拒绝道:“将军，我只是军队里的一名普通士兵，这样华美的宝马，像我这样的人是没有资格骑的。”拿破仑说:“任何一个法兰西士兵，只要是大胆勇敢、能担重任的，那么世界上没有一样东西是他们不配享受的。从今往后这匹马就归你了。”这位士兵接受了拿破仑的坐骑，在别人羡慕的眼光下，这位勇敢的士兵骑着宝马、带着荣耀重新上路了。

不管什么性质的工作，我们都要学会把心静下来，踏踏实实地做事。其实时间花在什么地方，成就就会在哪里显现。只要你态度认真、做事努力，大家都会记住你的功劳，你也会得到领导的赞扬，你身边的同事也会因你的业绩而更加敬重你。

如果你能够以一种虔诚的态度对待自己的职业，用一种认真的方式去做，大家都会对你刮目相看，你也会因此成为一个受欢迎、受尊敬的人。

有一个人从一生下来就双目失明看不见任何东西。为了生存，他继承了父亲种花的职业，成为了一名花匠。他看不见花到底长什么样子，只是从别人那里得知花都是艳丽芳香的。他经常把手放在花朵上触摸感，把鼻子贴近花朵闻花的芳香，他在心里感受花的存在，描绘花的美丽。

他十分爱花，每天坚持给花浇水、施肥、驱虫。为了给花挡雨，他宁可自己被淋湿；让了让花免受阳光的暴晒，他宁可自己被晒；为了让花免受狂风的袭击，他用自己的身体为花遮挡。

在众人看来，他的行为是十分异常的，甚至就是一个疯子的作为。很多人都会问:“值得为花这样大动干戈吗?”他的回答是:“我的工作就是种花，我要把全部精力都放到种花上面去。我这样做只是尽到一个种花人的责任。”在这种思想的指引下，他的花开出来都是最美丽的，也最受当地人欢迎，同时也获得众人的尊敬和钦佩。

有了责任的存在，我们才要付出；有了付出，才能有回报；有了回报，你就会增强自信心，赢得别人和你本人对自己的尊重。把你的工作看成和生命一样重要，热爱工作、对工作负责，你一定能从工作中获得你所需要的。

第二次世界大战期间，伍德鲁夫担任可口可乐公司总裁，他在当时发出了一个伟大的声明，那就是不管公司付出多么大的代价，只要祖国军队所到之处，就要让当地的军人只花 5 分钱就能喝到可口可乐公司的饮料。

可口可乐公司为了实现这一承诺，必须想尽办法把浓缩的可口可乐液装到瓶中运走，并把厂子设立在军队所到之处。要实现这个目标，就要派员工到战争地区，像军人那样面对战争的危险和生死的威胁。当时一共有248人被公司派到国外，而这些人没有一个退缩，他们都把这一艰巨任务看成是一次为企业树立品牌形象和培养顾客的大好机会。他们都满怀信心要好好完成这一任务。

在困难危险面前，他们没有妥协，用毅力顶住了来自来自外界和自身的压力，使得公司的计划得以实现。他们跟随部队从新几内亚丛林到法国里维拉的军官俱乐部，售出的可口可乐总数达到100亿瓶。可口可乐公司的代表也被美国军方授予“技术观察员”的称号，甚至可口可乐工厂的工人能够和修理飞机坦克的军人受到同样的尊重，因为他们冒着战争的危险，给士兵们送来了家乡的温暖。

可口可乐公司在战争结束后，以极快的速度成为美国产品的象征，成为美国人生活中不可缺少的重要组成部分。可口可乐王国在全美国已经根深蒂固，深深扎根于美国人民的心目当中。

难道摆在你面前的困难能和可口可乐公司派遣人员随军深入战区相提并论吗？那时公司好多“技术观察员”都在国外牺牲。所以，抛弃你那些冠冕堂皇的理由吧，以强烈的责任心来面对工作，你的努力一定会得到老板的认可，成为一名受器重的员工。

在这样一个充斥商业利益的社会中，那种敢于承担责任的人越来越受到公司的重视、同事的欣赏。在大家心目中，这样的人才最值得信任和交往，这样的人才具备开拓创新精神，才能给公司创造更大的效益。我们在做事的时候都应该让自己具备这种敢闯敢拼的精神。

能负责，才会有好结果

责任感是情商的核心组成部分，一个员工只有富有责任感，效率才会更高，获得成功的机会才会更大。他们注重的不仅是工作的过程，还有工作的结果是好是坏。他们不会为自己拙劣的结果找任何理由辩解，只关心所做的事情是否正确。亨利·沃德·毕察曾经说过这样一句话："一次航行能否算得上成功，不是由离港起航决定的，而是看它最后能否顺利归航入港。

在某次奥运会的马拉松项目中，参赛选手们都到达了终点，完成了比赛。只剩一位选手还在吃力地坚持着，最后终于跑完了全程，进入了体育场，这位选手名叫艾克瓦里。

艾克瓦里最后抵达终点的时候，腿上都是血迹，他是在用坚强的毅力支撑着自己，一瘸一拐地坚持跑完了全程。

有人疑惑不解地向他问道："比赛结果早已经出来了，你再跑下去也不会帮助自己的国家增加积分，夺得奖牌也是毫无希望的事情，你为什么还要拖着受伤的腿坚持跑到最后呢？"

艾克瓦里不顾自己刚跑完全程体力不支，用微弱的声音回答道："我受国家的委托来到这里参加比赛，不是只完成起跑这一动作就可以了，我的任务是参加完全程的比赛。"

在艾克瓦里的心目中，成败已经不是最重要的了，他真正在乎的是，行动了就要有结果。具体来说，就是不管最后成绩是好是坏，他都要坚持跑完整场比赛，他要问心无愧地用结果向自己的国家交代。

责任代表着一种奋发向上的精神，把它转化成动力便能使人不再胆怯，而是义无反顾、勇往直前。一个有责任心的人也可以用这种精神感染别人，增强他人的责任感，让他们和自己一样承担起属于自己的那份责任。

有一列火车正行驶在京广线上，车上的一位孕妇此时马上要临盆了，列车员立即在车上旅客中播放广播想为她寻找一位妇产科的大夫。所有乘客在为这件事焦虑不安的时候，一个人站出来了，自称是妇产科医生。她跟着列车长来到一个用床单隔离出来的简易“产房”中，此时各种工具，比如毛巾、热水、剪刀等都准备齐全，就等着大夫的到来。产妇这时正面临着难产的危险处境，这位自称大夫的人在了解了这一情况后就开始发慌了，于是她把列车长叫出来说，自己其实并不是什么妇产科的大夫，只是曾经在医院的妇产病房当过几天护士，并且是因为医疗事故才被医院开除了。如今产妇的情形不容乐观，以她的能力恐怕办不到，所以还是赶紧把产妇送往医院吧。

此时列车还在京广线上行驶，到达下一站最少还要一个小时的时间，送医院的办法根本不切实际。列车长鼓励这位护士说:“虽然你曾经只是一名护士，但在这趟车上，没有人比你更有经验了，我们都把你看成是专家、医生，将希望寄托在你身上。我们信任你，你一定可以办到的。”

护士被列车长的这番话鼓舞，进产房之前她又问:“如果出现意外，是保住大人还是保住孩子?”

“我们大家都相信你，你就放心去吧!”列车长说。

这次护士被彻底鼓舞了，充满信心走进产房。列车长安慰产妇，让她放心，说现在给她助产的可是一位有名的妇产科专家，只要她配合好就一定不会有事。

结果手术真的成功了，那位护士几乎是自己一个人独立完成这次手术的，这也是她有生以来手术最成功的一次。随着婴儿的一声啼哭，母子都脱离了危险，全车人都欢欣鼓舞，那位护士也成了大家心中的英雄。正是由于大家对她的信任，她才战胜了内心的胆怯，出色地完成了这次“任务”，也洗刷了曾经那段让自己遗憾的历史，给自己找回了自信。

责任不是在别人面前逢场作戏、装装样子，如果你勇于承担责任，别人也会从你这里深受鼓舞而变得更有责任感。这就是责任所产生的巨大力量。

在现实生活中，我们经常会碰到一些原本不归自己管的事情，本来不用我们去完成，但是一股强烈的责任感驱使我们不得不做，就算这件事情再难也要全力以赴。如果最后结果是你成功地完成了这件事，不仅仅可以让你的心灵得到安慰，也可以把这种使命感传达给其他人，让他们在你行为的感召下，也变得充满责任感。责任是一种动力，它可以从一方传递给另一方。

有了动力就有了其指向的结果，以动力为媒介，负责与结果紧密地联结在了一起。

事实上，看重结果并对结果负责，也就是在认真对待我们的工作，是一种对待我们创造的成果认真负责的态度。

到一家企业、一个单位去工作，你就开始了用结果交换工资的岁月，也开始了用劳动成果证明自己对公司价值的时候，最终的结果不是由他人决定，而是由你自己掌控。如果你能成为一名合格的员工，结果就会是令人满意的。如果你能把自己的价值真正地奉献给企业，结果一样不会令人失望。

一个员工如果责任心很强，就不会惧怕别人对你进行的百般考验。你喜欢为了做出大的贡献而承担责任，而不仅仅是为了实现小我的利益。

明确责任才能明确结果，一个人如果没有责任感，只会对工作采取敷衍了事的态度。有了责任感，他才会全身心地投入到工作中去，才会有好的成就。

马马虎虎，就是不负责任

不管在什么单位、什么企业，那些对工作马马虎虎、不负责任的人都会首当其冲成为裁员的首要人选。一个企业只有靠优秀员工的努力，才能获得长足的发展。如果公司内被一群糊弄工作的员工占据着，而没有将他们及时清除掉，企业就会被慢慢搞垮，就好比箱子里有一个烂苹果，如果不把它赶紧清理掉，其他的苹果也就会跟着很快腐烂。

弗兰克一辈子都是个木匠，一直以来，他的敬业和勤奋使老板对他信任有加。后来他年纪大了，对老板说想辞职回家，与家人共享天伦之乐。老板再三挽留，但是他去意已决，老板也只好答应。最后，老板希望他再盖一所房子，弗兰克没有再拒绝。

弗兰克回家心切，无法把精力集中到盖房子上来。他用料不像曾经那么严格，做出来的工程水准也不像先前那样高，而这一切老板早就看出来了，却并没有说什么。房子盖好了，老板把新房的钥匙交给弗兰克，说这是送给他的礼物。

此时的弗兰克感到很惭愧，他这一辈子为别人盖的豪华房子不计其数，最后却给自己盖了这样一所粗糙不堪的房子。同样是一个人，为什么盖的房子有的富丽堂皇，有的却像是粗制滥造一般呢？技艺还是原来的技艺，改变的是人做事的态度，因为他的态度已经不像先前那样认真了。一个人如果真想让自己表现出众，他就要以认真负责的态度对待自己的工作，自始至终都对自己严格要求，不要像老木匠弗兰克那样，一辈子都是勤勤恳恳为他人服务，最后这一次却对自己敷衍了事，给自己留下最后的遗憾。

下面我们来看看通用电气这家企业，了解一下其前首席执行官杰克·韦尔奇是如何处置那些糊弄工作的员工的。

“我们已经形成了固定的惯例，每年 GE 公司旗下的所有分公司都要对所有的高层管理人员进行分类排序，目的就是让公司的每一位领导者都能认真区分团队的成员。

“他们要从排序中弄清楚：在团队中，哪些人可以被排到最好的 20%当中，哪些人属于中间普通的 70%，又有哪些人是最差的 10%。

“如果一个团队有 20 个成员，我们通过这种方法就能知道，最好的 4 个人和最差的 2 个人的具体情况，包括他们的姓名、职位以及薪金待遇等。被选入最差的 10%的员工，都会被公司辞退。”

韦尔奇的这种做法，也得到了戴尔公司创始人迈克尔·戴尔的认可。有人问迈克尔采用什么样的方式解雇一名“最差”的员工。迈克尔回答：“迅速采取行动，不要拖延。”如果你发现员工的表现不令人满意，那就不要企图用等待来让他有好的表现，因为那样只会让事情越来越糟。可见，认真对待工作的人才是理智的人。公司中经常获得提拔、加薪的人通常都是踏踏实实、对工作认真负责的人，整天耍小聪明偷懒的人就会成为公司淘汰的热门人选。有这样一句话，大家也许都听过，“今天工作不努力，明天努力找工作。”从这句话中可以得出这样的结论，今天你用糊弄的态度对待工作，明天也会成为工作糊弄的对象。如果你不认真对待手中的工作，那么下一个被公司裁掉的人极有可能就是你。

有这样一个关于马的故事：两匹马分别拉着一辆大车，其中一匹马走得很好，另一匹马则走走停停，被甩在了后面。

后来，主人把所有的货物都搬到了快马所拉的那辆车上，后面的那辆车被搬空了之后，那匹走得慢的马就可以轻快地向前赶路，它幸灾乐祸地对那匹拉车的马说："你就活该辛苦！你越是卖力，就越容易受别人的折磨，你这就叫自讨苦吃。"

到了车马店之后，主人心想：用一匹马就完全可以应付这些货物了，那我干吗还要白养一匹呢？干脆把另一匹杀了算了，还可以得到一张马皮呢。最后走得慢这匹马就真得被杀掉了。

员工就好比是故事中拉车的马，当然雇主不会用血腥手段对付不称职的员工，但一定会把他解雇的。表面上看，努力工作会给公司给老板带来好处，实际上，最大的受益人仍是你。把工作当成我们生命中不可缺少的组成部分，就可以在工作过程中获得更多宝贵的知识和经验，我们还能从中找到乐趣。

不管是什么样的公司，只要你认真对待自己的工作，都可以从老板那里得到尊重，也可以学到更多的知识，积累更多的经验。

人为了自身生存与发展会产生各种各样的需求，比如吃、穿、住、行，一样也少不了。想要在这些方面过得好，就要好好工作。人要生存就要工作，要努力工作才会有好的结果，下面这个故事就可以证明这一点。

从前有一个穷人，穷到只有一小块地和一小包种子。耕种的季节到了，他每天早出晚归到田里干活，把精力都放在那一小块地上了。中午天气最热的时候，他来到树桩旁避暑，口袋里的种子不小心滚出来了几粒，掉到了树桩下的一个洞里。

这个人想种子在这种环境中根本没有办法生长，虽然掉下去的种子数目不多，但对他来说损失也是不小的。之后，他回到家把铁锹拿来，拼命地挖着树桩。此时他已经顾不得天气炎热，已是汗流浃背，一心想把那几粒种子挖出来。力气总算没白费，他终于把那几粒种子挖了出来，同时还挖出了一个尘封已久的铁盒子。他打开盒子一看，满满的全是金子。有了这些金子，他就不用担心以后还要继续过食不果腹衣不蔽体的生活了。人们都说他是世界上最幸运的人。

他不否认自己的幸运，但又为自己辩护道："我每天起早贪黑辛勤劳动，天气再怎么恶劣，我也不曾懈怠过，我舍不得浪费任何一粒种子。再说那金子也是我在烈日下辛辛苦苦挖出来的，算不上不劳而获。"

只有全心全意把精力投入到工作中并勇于承担责任的人，才能成就大事业。

找借口，就是不负责任

不要为自己的过错寻找借口，因为不管是什么样的借口，其实都是在推卸自己应承担的责任。不要选择借口，责任是一个人工作态度的体现，而消极的态度通常会是积极进步的拦路石。工作中，我们经常会遇到挫折，那我们是迎难而上还是找借口绕道远行躲避困难呢？

下面的这些借口也许你在工作中已是司空见惯了："我的专业不是这方面的，这个工作我可能做不了！"

"这些不归我管，你还是找别人吧！"

"没想到，市场变化这么快，活该倒霉！"

“太难了，干脆放弃算了！”

“我有必要这么认真、这么辛苦吗？”

“这个方案最初不是我提出的，你还是去找别人吧！”

……

我们不得不承认，以上的这些借口都是没有责任心的体现。

在一次和朋友的聚会中，晓锋满腔怒气地当着朋友的面抱怨，这么长时间以来老板都不愿给自己机会。他说：“我在公司的底层摸爬滚打有 15 年了，但仍然有失业的威胁。进公司的时候，我是一个血气方刚、朝气蓬勃的年轻人，现在都人到中年了，可为什么就是得不到老板的信任？难道我为公司做得还不够吗？”

朋友问他为什么要等着老板施舍，自己不去积极争取。

“我曾经也尝试过，只是每次争取来的都是我不想要的。如果我接受了那些机会，我会过得比现在还糟。”

“那你曾经争取到什么样的机会？”

“前段时间，公司让我去设在国外的营运部工作，他们也不想想我这么大的年纪，这么弱的体质，怎么能去那么远的地方呢？”

“你不是一直都梦想着有这样的机会吗？”

晓锋不服气地说道：“公司本部里那么多职位空着，却要让我到遥远的海外。在那里，我没有亲人，没有朋友，他们可都是我生活的重心呀，而且我身体本来就不好，也经不起这么长途跋涉的折腾。全公司的人都知道我容易犯心脏病，可他们竟然会让我去那么远的地方从事开荒的工作。那里工作环境差暂且不说，去了之后也根本没有什么发展前途呀。”总之，他把不能去海外的理由列举了一大堆。

朋友听了他的唠叨，都沉默不语了。大家都应该明白了他在这漫长的 15 年中一直没能实现愿望的真正原因了。他们也在心里预测到，在今后的日子里，他一直都不会得到如自己所期望的那种机会。

其实，每一个借口都有其真正的原因隐藏在背后，只是有时我们不便说出来罢了，或者我们本来就不想让别人知道。我们可以通过借口回避一些本应承担的责任和面对的困难，以此来获得心理上的慰藉，可时间一长，就会出现这样的情况：每个人都在努力为自己的过失寻找借口，都在回避自己应当承当的责任。

我们可以把任何借口都理解成为在逃避责任。承担责任还是寻找借口，是一个人对待工作的态度的最好体现。我们在工作中，遇到挫折是不可避免的，但我们要如何选择前进的路呢？是迎着困难前进还是找个借口打退堂鼓？设想一下，你是一名士兵，这时你正在战场上，上级给你传达了一个命令：坚守阵地，不许撤退。在这样一个事关生死的时刻，你还会找什么理由为自己辩解呢？这时就算你有成千上万个理由，并且每一个听起来都是那么充分，对你而言又能有什么帮助吗？难道你就可以借此在这样一个紧要关头临阵逃脱吗？难道你有了合理的借口，别人就会放弃攻击、放你一马吗？战争失败了，你的那些理由就可以弥补你失职的过错吗？

结果已经形成了，就不会再改变，不管你的理由有多么冠冕堂皇、听起来多么动人，可是事实摆在面前，理由也只不过是借口罢了。

我们的人生不需要任何借口，因为无论借口听上去再怎么合理，它对已经造成的结果也是于事无补，所以不为过错寻找借口是理所当然的事情。

在面对挫折和失败的时候，一个优秀的人会出于对职责的考虑，不会为自己找任何借口或是发任何牢骚。

为自己寻找借口其实就是在为自己的不负责任开脱。如何在职责和借口之间做出一番抉择，是一个人工作状态好与不好的重要判断依据。你也许会被一个难以解决的问题、难以完成的任务困扰，这时你就要考虑是不是在为自己找理由开脱从而放弃自己的责任。

千万不要放弃责任，千万不要为自己的过失寻找借口，要坚持下去，努力到最后。就算情况已经无力挽回，也要从绝望中找到希望。项羽不畏困难、勇往直前的霸王气概值得我们好好学习。如果具备了这种英雄气概，困难就称不上是困难了，它将幻化成你展现自我才能的舞台，你也会更加受到老板的器重和赏识。

不要耽误时间，马上采取行动，抛弃任何让你打退堂鼓的借口，以一颗责任心来面对我们应该做的事情，全身心地投入到工作当中，尽可能地解决好所有问题，你一定会获得一个不平凡的结果。

于细微处见责任心

小事虽小但也要认真对待，将寻常之事以不寻常的态度来完成。员工的责任心都体现在做事的每一个细节当中。

一滴水可以把整个太阳的光辉折射出来，一件小事可以将一个人的内心世界表现出来。一个人有没有责任感，通过细枝末节的小事就可以看出来。一个人如果对一件小事都负不起责任，那他又如何能挑起更大的重担呢？

有一位从事人力资源工作的经理说："一个人是否有责任感，根本用不着大事来考验，从那些细小、不经意的事情中就能判断出来。"所以，一个人有没有责任感，并不仅仅体现在大是大非上，而且体现在细微的小事中。

有一家公司要招聘几名新员工，前来应聘的人倒是不少，而且从表面上看一个个都很精明能干，应聘的人走了一拨儿又来了一拨儿。从每个人的表情上看，个个都是胜券在握。面试官为面试者准备了一道题，让大家谈谈自己对责任的理解。

这个问题看似简单，众多面试者也这样认为，但是面试结果却让所有人感到意外，竟然没有一个人通过面试被录取。难道是这家企业又不需要招人了，才出此下策吗？

考官向应聘者解释道："各位都很出众，也很有才华，你们分析问题的水平也很高，我们对你们的表达能力也很满意。但是面试的题目有两道，你们都只回答了其中的一道。"

大家一脸的茫然，不知道他所说的另一道题目是什么。

考官继续说道："你们注意到了门旁有一把扫帚吗？它就是另一道题目。你们当中有的人从上面迈了过去，有的人直接把它踢到一边，谁也没有弯下腰把它扶起来。"

对于责任，不管你说得多么有道理，理解得多么深刻，都比不上认认真真做好一件小事来得实在，这更能体现你对责任的认识和理解。

这位考官的做法其实是很明智的，他挑剔的态度也是无可厚非的，因为如果一个员工没有责任感，任何一个领导都不会对他寄予厚望。在大是大非面前，也许没有多少人可以轻而易举地做出选择、接受考验。那就通过一些小事来观察你的员工是否真正有责任感吧，这种做法也可以成为考核员工的重要组成部分。

如果你现在是一家书店的营业员，你是否还会主动把书架上的灰尘擦拭掉？如果你是公共汽车的一名司机，你是否会主动打扫车子，保持车内环境的干净？如果你是一家商场的服务员，你是否会主动为每一位顾客都送去一个温暖的微笑？

在我们看来，这些事情其实都不大，但正是这些小事才能显现出你的责任感。

现代职场上有这样一句金玉良言：细节决定成败。

如果你已经是一家公司的老员工，你也许会自然地顺手牵羊地把公司的物品拿回家使用。也许你拿的物品价值都很小，但却能反映出一个人的职业道德。公司的物品也不是天上掉下来的，员工要时刻提醒自己，改正不良行为，做到不拿公司的一针一线。在你看来，不过是拿公司的一件小东西，或者是在公司上上网、发发邮件、玩玩游戏而已，没什么大不了的，但这也会增加公司的负担。如果这种行为被老板发现，对你会十分不利，甚至会影响到你的职业生涯。

有一家公司的女职员拿公司的稿纸回家给孩子当作业本用。不巧，孩子老师的丈夫所在的公司正打算和女职员所在的公司合作。当他发现这个孩子拿该公司的稿纸当作业本，他作为公司的部门经理，立即决定中止和女职员所在公司的合作计划。

一个大项目的合作失败居然是因一本稿纸而起。试想一下，如果女职员的老板了解到事情的真相，女职员又将会有怎样的下场呢？

员工对公司的忠诚体现在细小的事情上，企业需要有责任感的员工。如果员工都只知道向公司索取，公司早晚会垮掉的，员工的职业素质也会受到损害。

一个人做事如果没有责任感，他是不会成功的。要做到有责任感，就要从细节做起。已故的周恩来总理就是一位关注小事、成就大事的典范，他的精神非常值得我们学习和借鉴。

1972 年，美国总统尼克松在访华时通过与周总理接触发现周总理有一种“罕见”的本领：关心琐事，但又不拘泥其中。

他回忆了当年周总理为他们一行人员所做的几件令他难忘的“小事”。

周总理亲自为欢迎晚宴挑选了演奏乐曲。尼克松说:“我肯定他事先了解了我的背景，因为他选择的许多曲子都是我喜欢的，就连我在就职仪式上演奏过的《美丽的阿美利加》他也知道。”

客人来访的第三天晚上，去看乒乓球和其他体育表演。那时天在下雪，客人原打算第二天到长城参观。周总理得知后，立刻让相关部门负责把通向长城路上的积雪清理干净。

周总理对工作人员的要求也是很严格的，他容忍不了别人含糊其辞，没有把握。有一次北京饭店举行涉外宴会，周总理提前了解饭菜的准备情况。他问:“今晚的点心是什么馅?”工作人员含糊回答道:“好像是三鲜馅。”周总理又说:“怎么可以是好像?到底是不是?客人中间如果有对海鲜过敏的，出了问题怎么办?”

周总理靠着这种对小事也不含糊的作风，赢得了人们的赞许。

海尔总裁张瑞敏说过这样一句话:“把每一件简单的事情做好就是不简单，把每一件平凡的事情做好就是不平凡。”

一些年轻人有眼高手低的毛病，一心只想着干惊天动地的大事，对小事不屑一顾。汪中求先生在《细节决定成败》一书中说:“能做大事的人很少，不愿做小事的人极多。”年轻人要有准备干大事的精神，但也要从小事做起。因为，能把小事处理好不仅体现对工作负责任的态度，而且可以从小事中把握成功的机遇。

责任心和忠诚让你脱颖而出

一个人想成功，必须干出一些不同寻常的事情来。怎样才能干出不寻常的事情来，靠的是什么？就是你的责任感和忠诚。

例如，一个负责过磅称重的小职员，也许会因为怀疑计量工具的准确性而提出质疑，并因此而得到修正，从而为公司挽回巨大的损失，尽管计量工具的准确性属于总机械师的职责范围。

正是因为这种责任感，才会让别人对你刮目相看，或许这正是你脱颖而出的一个好机会。相反，如果你没有这种责任意识，也就不会有这样的机会了。成功，在某种程度上说，就是来自责任。

乔治到这家钢铁公司工作还不到一个月，就发现很多炼铁的矿石并没有得到完全充分的冶炼，一些矿石中还残留着没有被冶炼的铁。如果这样下去的话，公司岂不是会损失的很大。于是，他找到了负责这项工作的工人，并说明了问题，这位工人说："如果技术有了问题，工程师一定会跟我说，现在还没有哪一位工程师向我说明这个问题，说明现在没有问题。"

乔治又找到了负责技术的工程师，对工程师说明了他看到了问题。工程师很自信地说我们的技术是世界上一流的，怎么可能会有这样的问题。工程师并没有把乔治说的看成是一个很大的问题，还暗自认为，一个刚刚毕业的大学生，能明白多少，不会是因为想博得别人的好感而表现自己吧。

但是乔治却认为这是个很大的问题，于是拿着没有冶炼好的矿石找到了公司负责技术的总工程师，对他说："先生，我认为这是一块没有冶炼好的矿石，您认为呢?"

总工程师看了一眼，说："没错，年轻人你说得对。哪来的矿石?"

乔治说："是我们公司的。"

"怎么会？我们公司的技术是一流的，怎么可能会有这样的问题?"总工程师很诧异。

"工程师也这么说，但事实确实如此。"乔治坚持道。

"看来是出问题了。怎么没有人向我反映?"总工程师有些生气了。

总工程师召集负责技术的工程师来到车间，果然发现了一些冶炼并不充分的矿石。经过检查发现，原来是监测机器的某个零件出现了问题，才导致了冶炼的不充分。

公司的总经理知道了这件事之后，不但奖励了乔治，还晋升他为负责技术监督的工程师。总经理不无感慨地说："我们公司并不缺少工程师，但缺少的是负责任的工程师，这么多工程师就没有一个人发现问题，并且有人提出了问题，他们还不以为然，对于一个企业来讲，人才是重要的，但是更重要的是真正有责任感和忠诚于公司的人才。"

乔治一个刚刚毕业的大学生成为负责技术监督的工程师，可以说是一个飞跃，但是他能获得工作之后的第一步成功，就是来自于他的对公司的忠诚，他的忠诚让领导者认为可以对他委以重任。

如果你的领导让你去传达某一个命令或者指示，而你却发现这样做可能会大大影响公司利益，那么你一定要大胆地提出来，不必去想你的意见可能会让上司大为恼火或者就此冲撞了他。大胆地说出你的想法，让领导明白作为员工你不是在刻板地执行他的命令，你一直都在斟酌考虑，考虑怎样做才能更好地维护公司的利益和他的利益。因为，没有哪一个领导会

因为员工的责任和忠诚而批评或者责难你。相反，领导会因为你的这种责任感而对你青睐有加。因为职业的责任感会让你成为一个值得信赖的人，这种人将会被委以重任，而且永远也不会失业。

作为一个雇员，如果你能忠诚于你的公司，对工作负责，那么你肯定是一个容易成功的人。因为由于你的忠诚和不断努力工作，公司才能得到了长足的发展，而老板最先赏赐的自然就是你。你为公司付出你的忠诚，公司也会用忠诚来回报于你。你将会得到领导的赏识，这样你自然就能脱颖而出了。

把负责任当作一种生活态度

一位曾多次受到公司嘉奖的员工说："我因为责任感而多次受到公司的表扬和奖励，其实我觉得自己真的没做什么，我很感谢公司对我的鼓励，其实担当责任或者愿意负责并不是一件困难的事，如果你把它当作一种生活态度的话。"其实，在很多教育中，都有关于责任感的训练。注意生活中的细节也有助于责任的养成。大家都说习惯成自然，如果责任感也成为一种习惯时，也就慢慢成了一个人的生活态度，你就会自然而然地去做它，而不是刻意去做的。当一个人自然而然地做一件事情时，当然不会觉得麻烦和辛苦。

当你意识到责任在召唤你的时候，你就会随时为责任而放弃别的什么东西，而且你不会觉得这种放弃很不容易。

比如，对于承诺的信守，这就是你的责任。一旦你信守对他人做出的承诺，别人可能会对你承诺守信表示赞美，而你可能就不会欣欣然而喜，因为你觉得自己本该这么做，这是你的一种生活态度。

守时也是一个人最基本的责任。要知道，一个人不守时就等于在浪费自己和他人的生命，我们有能力承担这样的后果吗？在我们的生活中，总会遇到一些不守时的人，有的人对此不以为然，这也是他们的生活态度。

所以说，负责任是一种生活态度，不负责任也是一种生活态度。

作为企业的一名员工，有责任遵守公司的一切规定。当你违背了公司的规定但却没有足够的理由，形式上的惩罚并不能掩盖你对自身责任的漠视。

比如，你上班时迟到了五分钟，公司可能就扣掉了你当月的奖金，你很可能对公司的处理愤愤不平:“不就迟到五分钟吗？有什么了不起的，也不会有多大影响。”其实，如果你仔细反思一下，若公司的每个人每天都迟到五分钟，那会怎么样？你违背了公司的规定，如果公司没有对你进行处罚，那么别人犯了同样的错该如何对待呢？公司的规定岂不是形同虚设？有人曾严厉地提出:“一个没有制度规范的公司，根本不会有什么前途。”所以，遵守公司的规定是每一个员工必须遵守的责任，你的这种想法只能说明你没把自己的责任当回事。

当你已经习惯了别人替你承担责任，那么你将永远亏欠别人，你的腰板永远也不会挺直，所以，把责任作为一种生活态度是最好的。这样既不会觉得责任会给自己带来的压力，也不会因为自己承担责任而觉得别人欠了你什么。

尤其是当责任由生活态度成为工作态度时，工作对于自身的意义就不仅仅是赚钱那么简单了，也就不会因为公司的规定而觉得自己的自由受到了羁绊，更不会做出违背公司利益的事。

作为员工，不要总是抱怨老板没有给你机会，有空的时候不妨仔细想一想，你是否能够在老板交给你任务时，漂亮地完成任务并且没有那么多的废话？你是否平时就给老板留下了一个能够承担责任勇于负责的印象？如果没有，你就别抱怨机会不来敲你的门。

当你少一些抱怨、少一些牢骚、少一些理由，多一分认真、多一分责任、多一分主动的时候，你再看看机会会不会来敲你的门。超乎寻常的敬业精神是成功的可靠保障。

洛克菲勒是美国石油大亨，他的老搭档克拉克这样评价他："他有条不紊和细心认真到了极点，如果有一分钱该归我们，他要取来；如果少给客户一分钱，他也要客户拿走。"洛克菲勒对数字有着极强的敏感，他常常在算账，以免钱从指缝中悄悄溜走。他曾给西部一个炼油厂的经理写过一封信，严厉质问："为什么你们提炼一加仑油要花 1 分 8 厘 2 毫，而另一个炼油厂却只需 9 厘 1 毫？"这样的信还有："上一个月你厂报告有 1119 个塞子，本月初送给你厂 10000 个。本月份你厂用去 9537 个，却报告现存 1012 个。其他 570 个塞子哪去了？"这样的信据说洛克菲勒写过上千封。他就是这样从书面数字——精确到毫、厘、个，分析出公司的生产经营情况和弊端所在，从而有效地经营着他的石油帝国。洛克菲勒这种严谨认真的工作作风是在年轻时养成的。

他 16 岁时初涉商海，是在一家商行当簿记员。他说："我从 16 岁开始参加工作就记收入支出账，记了一辈子。它是一个能知道自己是怎样用掉钱的唯一办法，也是一个人能事先计划怎样用钱的最有效的途径。如果不这样做，钱多半会从你的指缝中溜走。"

日本人野田圣子谋得的第一份工作是清洗客人用过的马桶。她第一次洗马桶时，手一触及马桶就恶心得想呕吐。上班不到一个月，她就开始讨厌这份工作了。

有一天，一名与野田圣子一起工作的前辈主动来教野田圣子洗马桶。

她什么话也没说，就动手干起来。等到洗、抹干净后，她就伸手从马桶里盛了一杯水，当着圣子的面一饮而尽。她这是告诉圣子：经她洗过的马桶，不仅外表光洁如新，里面的水也是干净的。

野田圣子的脸立刻红了，她意识到自己的工作态度有问题，并且认识到一个对自己的工作抱着厌恶态度的人，根本没资格在这个社会上担负任何责任。她下定决心，就是洗一辈子马桶，也要做一个洗马桶最出色的人。终于有一天，她也可以当着别人的面，盛一杯自己洗过的马桶里的水，眉头不皱地喝下去。后来，野田圣子以 37 岁的年龄，做了日本的邮政大臣。

记住，有条不紊和细心认真是干大事业者必备的素质，超乎寻常的敬业精神是成功的可靠保障。

第十七章 做事要有效率

早年间，深圳流传着两句话：

“时间就是生命。”

“效率就是金钱。”

因而也就有了改革史上著名的“深圳速度”。

所以，做事要有效率就必须同时做到两点：一是有效利用时间，二是把事情做好做对。

时间就是生命

你能详细指出你今天的每一分钟，或者每一个钟头里做了些什么事吗？其中有多少时间是用在有意义和有用的事物上？又有多少时间是花费在可以为你产生满意的投资回报的事情上？

不要忘了，别人拥有的时间既不比你少也不比你多，美国总统一天所拥有的小时数，跟你我之类的平民都一样。每个人一年 365 天，闰年时多个 24 小时，一天都有 24 个小时所以你在一天 24 小时里拥有 1440 分钟。

当你明白，你拥有的时间既不比别人多也不比别人少，那么问题就不是你有多少时间可以用来做事情，而是你如何运用时间。一旦你把 1440 分钟花了，那它就此逝去，不再回来。所以，成功就只看你如何安排这一个个 1440 分钟。

人和人之间的差别不是他们拥有多少时间，而是如何利用时间。

大多数人的成就就是在别人浪费掉的时间里取得的。要取得人生的成功，我们手中可利用的时间虽然有限，但是，也不是不够用，而是我们不知道如何有效运用。大家总是说，做过的事可以弥补，明天也会更好，以致忽略了时间的可贵。

雷巴柯夫说:“时间是个常数。但对勤奋者来说，是个变数。用‘分’来计算时间的人，比用‘时’来计算的人，时间多 59 倍。”在生活中，常听人说:“时间就是金钱。”若以此来衡量时间，我们会发现，昨日就像一张作废的支票，我们对其无能为力；而明天又像是一张借条，不可信赖。因此，唯一可以动用的现金，即是我们现在“存在银行里的钱”，也就是宝贵的今天。

因此，要想提高做事效率，就得充分利用时间，以确保不浪费时间，而最重要的就是把握现在。

拉紧生命的纤绳

你看过船夫拉纤的情景吗？那真是生活中最惊心动魄的一幕！波涛滚滚而下，木船逆流而上，纤夫紧紧地拽引着纤绳，喊着号子，踏着砂石，拼力向前迈进。没有彷徨，没有懈怠，更没有停留和后退。因为只要稍微放松手中的纤绳，就要一泻千里，后果不堪设想。

每个人都是生活在江河中的一只小船，而纤夫是谁呢？也是我们自己。

人生有几十年的航程，需要一步一个脚印地走下去。多少年轻人哀叹自己时运不济、命运多舛。殊不知命运并不是单单不喜欢他们，而是他们在前一段航程里没有拉紧纤绳，让自己在生活中随波逐流。正如歌德所言："谁过玩世的日子，就不能成事；谁不听命于自己，就永远是奴隶。"多少白发苍苍的老人，回首往事，因虚度年华而悔恨，因放松自己而羞愧。

青春意味着时间的财富，健壮的体魄、敏捷的情思、无忧的心绪。

最有价值的东西，是最容易被轻视、糟蹋的东西；最缺少的东西，也是最渴望得到、最珍惜的东西。长处往往导致弱点：时间富有——来日方长，浪费点没啥；情思敏捷——一学就会，不求甚解；体魄健壮——啥都能干，何须忙于去做；心绪无忧——把生活视为一桶香甜的蜜，至于生活中的艰难，连想也没有想过。千万不能仅仅这样来理解青春，更不能进行这样的生活推理！青春的本色，青春的风采，应该是奋发向上的精神，庄重严肃的态度，坚定不移的行动，永不懈怠的步伐，即像纤夫闯急流那样，紧紧地抓住纤绳！具体可从以下三个方面来努力：

1. 正确认识自己

人们对自己的认识往往停留在感性阶段，对于自己的思想、情操、能力的估计常常不是过高就是过低。青年人对自己的认识过高的居多，喜欢用自己之长比别人之短，夸大自己之长，掩盖自己之短，容易沾染盲目骄傲自满的情绪。其结果，必然是既看不起别人，又抓不紧自己。可见，要抓紧自己，首先要正确认识自己。

2. 严格要求自己

就是说，要抓紧纤绳，不能让小船放任自流。随波逐流固然轻松愉快，但长久以往就要被生活的波涛吞没。有的朋友也知道放纵自己不好，但他想："先放纵自由一段时间，待以后再抓紧也不迟。"然而，要回过头来，重新抓紧自己，那是很难的，需要付出十倍、百倍的代价。因为你已经习惯了顺流而下，已经倒退了一段路程，要赶上船队，要走在时代的前头，谈何容易！

3. 彻底战胜自己

一个强有力的人，正是一个能战胜自己的人。要纠正偏见，改变习惯，克服弱点，主宰感情，驾驭性格……总之，就是不要被自己的弱点牵着鼻子走，而是要战胜自己的弱点。

4. 培养抓紧时间的自觉性

首先，要有一种紧迫感。只当来日不长，要赶快去做。其次，要有具体的目标。托尔斯泰有一条生活准则："要有生活目标：一辈子的目标，一段时期的目标，一个阶段的目标，一天的目标，一个小时的目标，一分钟的目标，还得为大目标牺牲小目标。"最后，要善于自我反省，要知错就改，及时起步，埋怨、叹息、后悔、急躁都没有用处。

分清事情的轻重缓急

有一位教授在桌子上放了一个装水的罐子。然后又从桌子下面拿出一些正好可以从罐口放进罐子里的鹅卵石。当教授把石块放完后问他的学生道，“你们说这罐子是不是满的?”

“是!”所有的学生异口同声地回答说。

“真的吗?”教授笑着问。然后再从桌底下拿出一袋碎石子，把碎石子从罐口倒下去，摇一摇，再加一些，再问学生:“你们说，这罐子现在是不是满的?”这回他的学生不敢回答得太快了。最后班上有位学生怯生生地细声回答道:“也许没满。”

“很好!”教授说完后，又从桌下拿出一袋沙子，慢慢地倒进罐子里。

倒完后，于是再问班上的学生，“现在你们再告诉我，这个罐子是满的呢?还是没满?”“没有满!”全班同学这下学乖了，大家很有信心地回答说。

“好极了!”教授再一次称赞这些“孺子可教”的学生们。称赞完后，教授从桌底下拿出一大瓶水，把水倒在看起来已经被鹅卵石、小碎石、沙子填满了的罐子。

当这些事都做完之后，教授很严肃地问班上的同学:“我们从上面这些事情学到什么重要的功课?”

班上一阵沉默，然后一位自以为聪明的学生回答说:“无论我们的工作多忙，行程排得多满，如果要逼一下的话，还是可以多做些事的。”这位学生回答完后心中很得意地想：这门课到底讲的是时间管理啊！

教授听到这样的回答后，点了点头，微笑道："答案不错，但并不是我要告诉你们的重要信息。"说到这里，这位教授故意停顿，用眼睛向全班同学扫视了一遍说："我想告诉各位最重要的信息是，如果你不先将大的鹅卵石放进罐子里去，你也许以后永远没机会把它们再放进去了。"

每一天我们都在忙，每一天我们所做的事情好像都很重要，每一天我们都不断地往罐子里灌进小碎石或沙子，各位有没有想过，什么是你生命中的"鹅卵石"？我们都很会用小碎石加沙和水去填满罐子，但是很少人懂得应该先把"鹅卵石"放进罐子里的重要性。"分清轻重缓急，重要的事情先做"是同样的道理。这样就能够利用有限的时间完成更多重要的事情，发挥时间最大的效率。

一种简单而有效的时间管理方法是去设定事情的优先顺序，一般可以分为以下四种类型：重要而紧急；重要但不紧急；紧急但不重要；不紧急也不重要。

重要而且紧急的工作是指事情的重要性高，而且需要立即的行动的事情。

此类事情带给人们较高的压力。比如，老板紧急交办的工作、重要客户来访、家人临时生病住院、不擅长的必修科目隔天要期末考试等。

重要但不紧急的事情对个人而言是很有意义的，可能是许久的盼望或长远的目标。通常这类事情挑战性高，困难度也高。最常见的，比如参加明年的重要考试、年底的婚礼、下星期的工作面试等。

紧急但不重要的事情本身重要性不高，但因为时间的压力，需要赶快采取行动，例如，接电话、换尿布、煮饭、处理邮件等。

不紧急而且不重要的事情，本身没有迫切完成的压力，而且重要性不高，例如，打电话和老同学闲聊、唱卡拉 OK、逛街、看电视、写问候信等。

基本上，我们可以先记录每周的时间流水账，然后将每周的事情依重要性与急迫性分为上列四种类型。设定事情的优先顺序很简单，重要的是要克服这种一般人常有的心理倾向：逃避压力，想要处理那些容易、快速完成的事情。

逃避压力的结果，就是犯了时间管理的大忌：把不紧急且不重要的事摆在第一位，却把重要且紧急的置于最后。

紧急的事不一定重要，重要的不一定紧急。不幸的是，我们许多人把我们的一生花费在较紧急的事上，而忽视了不那么紧急但比较重要的事情。当你面前摆着一堆问题时，应问问自己，哪一些真正重要，把它们作为最优先处理的问题。如果你听任自己让紧急的事情左右，你的生活中就会充满危机。

根据你的人生目标，你就可以把所要做的事情制订一个顺序，有助你实现目标的，你就把它放在前面，依次为之，把所有的事情都排一个顺序，并把它记在一张纸上，就成了事件表，养成这样一种良好习惯，会使你每做一件事，就向你的目标靠近一步。

简单，才会有效率

14 世纪，英国奥卡姆有一位很有学问的天主教教士，他曾在巴黎大学和牛津大学学习，由于知识渊博且能言善辩，被人称为“驳不倒的博士”，他就是著名的英国哲学家威廉。威廉提出了这样一个原理：“如无必要，勿增实体。”这句格言为他带来了很高的声誉，因为他是奥卡姆人，人们就把这句话称为“奥卡姆剃刀定律”。它表达的意思是：只承认确实存在的东西，认为那些空洞无物的普遍性概念都是无用的累赘，应当被无情地“剃除”。这把“剃刀”曾使很多人感到威胁，这一定律一度被认为是异端邪说，威廉本人也受到了伤害。然而，这并未损害这把“刀”的锋利程度，相反，经过数百年的岁月，“奥卡姆剃刀”已被历史磨得越来越快，它早已超越了原来狭窄的领域，具有了更广泛、更丰富、更深刻的意义。

几个世纪前威廉的这句话到今天对我们仍有无穷的价值，如同一个长鸣的警钟。

简单的事搞复杂容易，添油加醋就行了；复杂的事看简单则不是件容易事，需要功夫。小学语文就有一种语法练习，叫做紧缩句子，就是把句子中不必要的修饰都去掉，仅剩下作为句子骨干的主谓宾，做这个练习的目的也是教给学生一种把握句子核心思想的办法。当然，提炼句子还是比在纷繁事件中提炼关键事件简单了不知多少倍。

一般人以为，当400多年前哥白尼提出“日心说”的时候，他一定观察到了地球绕着太阳转，事实上不是的！他只是觉得“地心说”太复杂了，有80个圆球整天在地球周围绕来绕去，既不和谐又不美丽。哥白尼坚信大自然绝不做任何多余的事情，因此他将那些复杂的圆球统统简化掉，创造一个假想的“哥白尼宇宙”：太阳是宇宙的中心，地球和其他行星都绕太阳转动。哥白尼的这一简化，居然简化出了近代天文学的开端。

这和“奥卡姆剃刀定律”的主要思想如出一辙：人们在处理事情时，要认清事情的实质，把握事情的主流，解决最根本的问题，不要人为地把事情复杂化。如果有两个类似的解决方案，那么选择简单的那个。

“奥卡姆剃刀定律”与现代社会的联系十分密切，生活中的各个领域都能用到这把“剃刀”。就说绘画，虽然诸如构图、形象与形体、韵律与节奏，这些造型因素在其中所起的作用也不小，但基本的造型因素还是线条和色彩，这两点若把握好了，基本面也就有了。

著名企业家艾科卡告诉我们，不论一件事情有多复杂，都应该能够把它简单地写在一张小小的卡片上。

他进一步补充道，不仅要能写出来，“要坚持你的权利，同时对你准备去做的事马上列出清单”；而且还“要用你谈话的方式去写。假如你不用那种方式去谈话，就不要用那种方式去写”；此外，还要快人快语地说：“说话要简短。”

哥白尼、牛顿、爱因斯坦等伟人，都是因为先用勇气使用这把锋利的“奥卡姆剃刀”“削”去理论或客观事实上的累赘之后，才“剃”出了精炼的科学结论。

“奥卡姆剃刀定律”是一个普遍的哲学原理，有广泛的指导意义。这个定律要求我们在处理事情时，要把握事情的本质，准确找到并把握事物的规律，不要受纷乱的表象干扰，去伪存真，由表及里，然后高效地加以解决。它是一种把“复杂简单化”的思维方式。老祖宗给我们留下过四个字——“驭繁于简”，与“奥卡姆剃刀定律”异曲同工。再往前追溯，老子就曾经反复讨论“道法自然”的精义，明确提出了管理的最高境界：“稀言自然”、“无为而治”、“治大国若烹小鲜”。

就以企业管理为例来说，企业管理是系统工程，包括基础管理、组织管理、营销管理、技术管理、生产管理、企业战略等。我们在日常的管理实践中不难发现，源自于不同体系的管理思想，设计和运行着各种不同的业务流程，企业似乎运作在一个纷繁复杂的流程网之中。其中，不免有人为将管理复杂化、故弄玄虚的倾向。“奥卡姆剃刀定律”所倡导的简单化管理，并不是把众多相关因素粗暴地剔除，而是要穿过复杂，才能走向简单。通过“奥卡姆剃刀”将企业最关键的脉络明晰化、简单化，加强核心竞争力。

现今，信息爆炸式地增长，技术发展日新月异，新理论、新发现层出不穷，要做到化复杂为简单非常不易。但是要讲效率，就必须化繁为简。

效率“三原则”

美中贸易全国委员会主席唐纳德·C.伯纳姆在《提高生产率》一书中讲到提高效率的“三原则”，即为了提高效率，在每做一件事情时，应该先问3个“能不能”：能不能取消它？能不能把它与别的事情合并起来做？能不能用更简便的方法来取代它？根据这个启示，我们在检查分析每项工作时，首先问一问以下6个问题：

为什么这个工作是需要的？是根据习惯而做的吗？可不可以把这项工作全部省去或者省去一部分呢？

这件工作的关键是什么？做了这件工作之后会出现什么过去没有的新效果？

如果必须做这件工作，那么应该在哪里做？既然可以边听音乐边轻松地完成，还用得着待在办公桌旁冥思苦想吗？

什么时候做这件工作好呢？是否考虑到放在效率高的宝贵时间里做最重要的工作？是否为了能“着手进行”重要工作，用了整天的时间去使工作“条理化”，结果把时间用完了，而所料理的只不过是些支离破碎的事情？

谁做这件工作好呢？是自己干还是安排别人去做？

这件工作的最好做法是什么？是应抓住主要矛盾而迎刃而解，收到事半功倍的效果？还是应采取最佳方法而提高效率？

在对每一项工作分析检查之后，再采取如下步骤：

省去不必要的工作。

使工作顺序合理，做起来得心应手。

两件或两件以上的工作能够合并起来做的就联系起来做。

尽可能使杂七杂八的事务性工作简单化。

预先订好下一项工作的程序。增强工作预见性，走一步，看两步，想三步，提高决策的效率和准备性，减少决策过程的时间并使决策无误。

无论在工作中，还是在生活里，为了提高办事效率，就必须下决心放弃不必要的或者不太重要的部分，用简便的活动代替那些费时费力的活动。如，有的人尽量减少头脑的储存负担，以提高头脑的处理功能；有效地研究筛选读书的人，能把书籍区分为必读的书、可读可不读的书和不必读的书，做到多读必读书，以增加得益。有的人在生活中还采取摆设不求齐全，以减少整理的时间；穿戴不过分讲究，以减少换洗保存的时间；食物尽量买到家里能直接下锅的，以减少烹调时间，等等。

有序原则是时间管理的重要原则。一位著名科学家说：“无头绪地、盲目地工作，往往效率很低。正确地组织安排自己的活动，首先就意味着准确地计算和支配时间。虽然客观条件使我难以完全做到，但我仍然尽力坚持按计划利用自己的时间，每分钟地计算着自己的时间，并经常分析工作计划未按时完成的原因，就此采取相应的改进措施；通常我在晚上订出翌日的计划，订出一周或更长时间的计划；即使在不从事科学工作的时候，

我也非常珍视一点一滴的时间。”

我们应该记住，要明确自己的工作是什么，并使工作组织化、条理化、简明化，就能最有效地利用时间。

全力以赴，追求高效卓越

全力以赴，追求卓越，不仅可以提高效率，而且还能促进事业成功。因为，无论是在思想上，还是在日常的生活中，无论是在为庄稼锄草、为人修鞋，还是为国家立法，自始至终严格要求，我们就会有一种积极向上的精神。这是一种意志薄弱、目标短浅的人所没有的品格。只要我们对自己所做的一切精益求精，顽强奋斗，我们一定会磨炼出非凡的才华，激发出潜伏的高贵品质，这样我们才能够出色地完成每一项任务。

一旦这种力求至善的精神主宰了一个人的心灵，渗透进一个人的个性中，就会影响一个人的行为和气质。做事完美的人有一种宁静致远的气质，他不会轻易放弃坚守的信念；他勇敢无畏，坦诚直面这个世界，因为他问心无愧；他胸有成竹，控制自我，临危不乱。这些品质将给你一种实现自我的满足感。这是那些三心二意、作风散漫的人一生都不会体会到的。

这样的习惯让人总能从工作中体会到快乐。没有什么比圆满地完成一项工作，看着一件完美的作品更加令人心神愉快，更加令人感到满足了。

当一个人因为能把一件事做得尽可以完善而激动不已的时候，当一个人安静地欣赏着自己所做的一切而心满意足的时候，这是一种真正的永远的快乐，这是一种真正的成功。这种成就感可以促使你的各种才能得到最充分的发挥。它会激发你的心智，陶冶你的情操，提升你的自信。

约翰从小时候起就认真对待他所做的每一件事。如果一件事没有竭尽全力做到至善至美，他决不轻易放弃，这成了他生活的准则。无论人们怎么慌忙，其他人怎样着急，他都不会因此而敷衍了事。直到一件事圆满而彻底地完成，他才会放手。许多人嫉妒他非凡的能力，其实，这是他一贯全力以赴地对待每一件事情的结果。从不投机取巧，追求绝对的准确，坚持善始善终，这个习惯使他受益匪浅。他个性可靠而真诚，他没有做错事的记录，为人非常诚实、光明磊落。他之所以能够形成这样的个性，主要是由于他做事有一种精益求精的精神。

做事勇于坚持，善始善终，既能磨炼人的个性，又能使人得到成功和幸福。相反，做事半途而废肯定会使人失败，会败坏一个人的品质。

如果你在工作之初就下定决心，一定要出色地完成每一项工作，决不半途而废。有了这个决心，你就会全身心地投入工作，你所做的工作就是你个性的体现。你的产品不需要专利和版权的保护，你的产品会有非常旺盛的需求，你也不必为工作机会而烦恼。你的内心是平静清明的，你的自尊心是坚定的，你的心灵是宁静和幸福的。

追求卓越，永无止境。只要你永远渴望进步，向往更高、更快、更好，机会将永远伴随着你。没有什么能阻挡你，只要你全力以赴。